U0020706

金商道

The positive thinker sees the invisible, feels the intangible,
and achieves the impossible.

惟正向思考者，能察於未見，感於無形，達於人所不能。 —— 佚名

疫後
零售大趨勢

道格・史蒂芬斯 ——著

陳文和、洪世民、鍾玉珏 ——譯

RESURRECTING
RETAIL

THE FUTURE OF BUSINESS
IN A POST-PANDEMIC WORLD

BY **DOUG STEPHENS**

獻給那些積極

面對威脅、抓住時機、擁抱未來的人

目 錄

|推薦序|
疫後求生記

邱奕嘉 博士

政大商學院副院長兼 EMBA 執行長

　　新冠肺炎席捲全球，影響了人們的生命健康與生活型態，更改變了消費習慣與工作模式，企業經理人被迫重整思路，創造新穎的經營模式與典範。

　　而在所有產業中，直接面對消費者的零售業，處於供應鏈最末端，更是首當其衝，只要消費型態一有變化，就必須即時因應、隨之起舞；倘若錯估一步，可能就痛失商機。這也是零售業中，策略創新的實例比比皆是的原因，例如：沃爾瑪（Walmart）、eBay、阿里巴巴、京東、亞馬遜（Amazon）等等，古今中外皆是如此。

　　這波疫情顛覆零售業的發展，打亂了原有的節奏，加速了改革的時程，所有零售業都必須思考下一步，未來又該如何布局？

　　本書作者道格・史蒂芬斯（Doug Stephens）是全球諮詢公司 Retail Prophet 創辦人，有豐富的零售業顧問諮詢經驗，也出版了許多與零售業有關的書籍與專文。他在書中從疫後發展出發，提供零售業者思考方向與架構，透過鮮明的例子，說明疫情對於工作、生活及消費型態的影響，並探討零售業的經營本質與未來發展建議。

　　有趣的是，作者認為當今領先市場的零售業者，例如阿里巴巴、亞馬遜，在未來會成為食物鏈中的頂級掠食者，變得更具影響力與殺傷力，甚至會演化成以用戶為核心的生態系，也就是所謂的新零售，大舉擴張地盤。在新的典範架構中，產業的框架將消失，取而代之的是滿足用戶需求的各種服務，例如：未來的亞馬遜可能不僅提供你商品，也提供你住家和汽車的保險、處方藥、甚至家教等等。

　　面對這種以小搏大的殘酷局勢，作者建議的第一步並非卯足全力與之抗衡，因為你根本贏不了；也不是集中資源與之競爭，因為它不該是你的目標。你應該重新思考品牌定位。作者從四種價值面向中，提供了十種零售原型的建議，協助零售業者重新調校品牌定位。作者也清楚指陳，企業經理人必須在這十個原型中，建構其卓越的品牌定位與發展適切的經營活動。此外，作者強調要讓品牌定位能夠落地，必須掌握幾個關鍵：首先，認清每個零售業都是體驗型的公司，透過塑造用戶完美的體驗，以落實品牌定位；其次，善用新媒體，把每個新媒體視為商店，而不能像過去的廣告一般，只是叫人去拜訪商店，它本身就是商店，不僅能傳遞資訊，更能提供價值與體驗。

　　雖然本書是針對零售業而寫，但它對於消費型態與新媒體的討論，卻可以幫助讀者洞悉疫後市場消費的新趨勢，掌握這些脈絡，可以協助經理人縮短在黑暗中摸索的時間，並發掘疫後新商機，一體適用於各行各業。而作者針對零售業所提出的建議，其實是任何產業在疫後時代，都必須謹慎思考、沉著應對的。這是本書對各個產業的經理人極具參考價值的原因。

　　疫情的發展一日數變，在高度的不確定性中，沒有人可以具體指出疫情結束、世界恢復秩序的時間，但與其坐以待斃，不如善用機會，收集資訊，思考創新突圍的方法，讓品牌在困境中變異出更強大的體質，這才是疫後的生存之道。

|推薦序|
值得一讀的疫後策略秘笈

潘進丁
全家便利商店集團會長

　　經營流通產業三十餘年，長期觀察國內外流通業態變化，深刻體會零售業因生活形態改變不斷變遷，過去幾年因受網路等新興科技的影響，更加速了流通產業的改變與創新，二〇一九年六月我將長期研究所見，彙整成《O型全通路時代 26 個獲利模式》（商業周刊出版），書中有專章探討「虛實交融零售三巨頭爭霸的決勝點」描述亞馬遜、阿里巴巴、沃爾瑪的虛實整合新零售策略。接獲本書文稿後一口氣閱完，文中第三章「零售頂級掠食者的崛起」，作者剖析了疫情爆發後亞馬遜、阿里巴巴、沃爾瑪三巨頭構築生態圈，不僅在零售領域上，包括媒體、廣告、金融、醫療、保險等，三百六十度包圍消費者，疫情長期化反而讓三巨頭更加壯大，變成零售頂級掠食者，閱讀後感觸良多。

疫情與零售頂級掠食者

　　作者提到在疫情嚴峻期間，因非接觸消費模式興起，三大巨頭提供線上線下無縫接軌的服務，營收不斷創新高。阿里巴巴平台上有數百萬個賣家，而亞馬遜有超過三億五千萬種商品，沃爾瑪則擁有全球最大的實體通路加上強大的網路平台，消費者可以在這些通路中購得一切想要的商品。零售頂級掠食者重新定義「商品選擇性多」、「取得方便性高」、「價格低」，這三要素是零售服務業的最高境界，三巨頭的低價、方便、多選擇優勢讓許多日用品、食品等便利品零售商業模式化作焦土。

實體零售業者的反擊

為了不任由頂級掠食者宰割，作者提到美國大型連鎖業者如何展開反擊：

一、美國最大連鎖超市 Kroger 在二○二○年八月與電商夥伴 Mirakl 合作，在自己的電商平台上推出第三方商場（微型電商），擴大電商服務範圍，建立新生態圈，網購構成比大幅提高。

二、Target 大型連鎖百貨在二○一九年二月推出 Target+ 第三方商場，一年後有一百零九個小賣家在平台上開店，銷售十六萬五千種商品，讓線上線下、虛實整合功能強大，電商營收大成長。全家便利商店也在二○二○年六月推出「好開店」、「好店＋」，支援小賣家、微型電商，提供網訂店取、取貨付款等金流、物流，資訊流等服務平台，與本文所提第三方商場的商模類似，推出後深獲賣家好評。

品牌是零售救贖之路

另外，作者也特別提醒在面對頂級掠食者霸占市場的情況下，應重新思考如何將市場細分化，品牌定位明確，打造顧客高度品牌忠誠度，才是零售業者的救贖之道。他用敏銳的觀察力提出了十種零售原型品牌策略（第五章），文中所提 NIKE、COSTCO 等成功的品牌策略標竿企業、均能為顧客生活增添許多明確的價值，所以不畏零售頂級掠食者攻擊。

台灣疫情在今年五月因為確診人數飆升，全台一度進入三級警戒，網訂店取、宅配服務等非接觸消費暴增，實體店營業受到重大的衝擊。未來疫情是否消失不得而知，但消費行為已無法回到從前，本書作者以具體案例深入描繪疫後零售新世界，不但對從事零售業者有很大的助益，對市場行銷或消費行為有興趣的讀者，一定可以從中獲得許多啟發，是一本值得一讀的策略秘笈。

英文版推薦序

　　我成長於一九八〇年代的加拿大卡加利（Calgary）南郊，曾在南方中心購物廣場（Southcentre Mall）度過許多時光。當我和朋友打算一起消磨時間，當我的家人想迅速用餐然後看場電影，我們會去購物中心。那裡當然也是採買最佳去處，尤其是八月和十二月間，伊頓百貨（Eaton's）與海灣百貨（The Bay）專櫃會競相舉辦返校日和節禮日（Boxing Day）促銷拍賣吸引人潮。

　　我常逛 HMV 唱片行，即使負擔不起還是能聆賞新出的唱片，也可查看我最喜愛的藝人在「告示牌」百大熱門排行榜的表現；我暑期打工的蓋璞（Gap）服飾店販售牛仔褲與恤衫；電影院每逢週二晚間總是客滿，因為票價便宜五美元。現在回想起來，我領悟到購物中心不只是瞎拼的地方。那裡應有盡有。它是我們的社區中心，是提供娛樂、靈感和暫時解脫的一應俱全的所在。

　　遠在新型冠狀病毒疫情撼動世界、改變我們的日常生活之前，北美地區購物中心緩慢而無以阻擋的衰落過程早已開始。最初的衝擊來自大型連鎖零售店家，它們提供無盡的自有品牌產品，置身其中宛如在公式化的商品陳列所購物。接踵而來的是亞馬遜等線上零售商，它們使居家購物方便又有效率，讓人免於赴實體商店購物的麻煩與挫折。如今，疫情使得電子商務火力全開，幾個月內的成長與先前數年等量齊觀，結果全球各地無數表現欠佳的實體零售商店相繼倒閉。

　　確實，在二〇二〇年期間，實體商店似將消亡的喪鐘曾數度響起。然而，誠如道格·史帝芬斯新書《疫後零售大趨勢》的生動描繪，全球疫情與伴隨而來的經濟危機，並不只是單純地使長期趨勢加速發展，它正催化一個世代發生一次的人類行為轉型，並且將改變一切：我們生活、工作、學習和購物的方式。

史帝芬斯以獨特的直截了當方式，為力圖重塑疫後零售版圖的市場銷售主管與營銷人員，講述了可資參考的十大關鍵原型（archetypes）。如果書中所言具體實現，最終挺過難關的購物中心將更像社區活動樞紐和市民廣場——它們將與住宅區發展、健身房、圖書館、餐廳和概念商店相輔相成——就如同我心目中的南方中心購物廣場。而不論顧客選擇在何處完成最終交易，未來的購物中心將擁抱零售和購物新科技與心態，以利建立品牌忠誠度和品牌知名度。如今重要的不再是坪效和每次點擊成本（cost per click），而是體驗與每次點擊銷售額（sales per click）。

沒人能預知疫情終結後世界的樣貌，但有件事是確定的：一切都將截然不同。而誠如古諺所強調，每場危機都會帶來轉機。

本書將助你明白如何善用良機。

伊姆蘭・阿米德（Imran Amed）
《時裝商業評論》（*The Business of Fashion*）創辦人暨執行長
二〇二〇年十一月寫於倫敦

|序 論|
握手與擁抱

憑我的直覺，

想必將有壞事來臨。

——威廉・莎士比亞

　　你從上方俯瞰，起初很難領會所見事物規模何其龐大。你只看到廣大深遠的空間裡布滿大量白色與灰色簾幕、鋁製框架、吸音磚。這些材料共同形成橫越近二百萬平方英尺範圍鱗次櫛比的小隔間。下方一陣忙亂，穿梭著的堆高機和拖板車正趕緊把補給物資、家具和裝備運送到最終地點。

　　「我們與垂直團隊夜以繼日制定場地規格並且把工作發包，然後立即著手動工。」美國陸軍工兵部隊發言人麥可・恩布里克（Michael Embrich）在美國國防部一篇文章指出。工兵部隊於二〇二〇年春季協助紐約市當局組裝此處設施，好提供床位給逾二千名感染新冠病毒的患者。[1] 這裡隨即成為美國最大醫療設施之一，它的容量遠遠超越鄰近的任何醫院。據公共衛生專家指出，鑑於供水供電、廢棄物管理都準備就緒而且通風良好，這是一處合宜的收治設施。雖然它相較於某些現代醫療院所稱不上豪華，但送到此處的病患似乎能欣然接受。

　　最讓人印象深刻的或許是它完成的速度。「它的完工遠快過我們平時設計、策畫和建造的工程，」恩布里克表示。[2] 事實上，整個設施在約兩週內達到完備，不論以哪種標準來衡量，這無疑是一項艱巨的任務。

　　很難想像如此大規模的工程能這樣速戰速決，同樣不可思議的是，紐約市這處臨時搭建的醫院，不到三個月前是一個會展中心。全美零售業聯盟（the National Retail Federation）每年一月在此舉辦全球數一數二的盛大零售展覽會。我甫於一月與全球各地同業前去朝聖──三萬七千人齊聚於各展廳、中庭、會堂，一同研討零售業未來發展。在我們彼此融洽地握手與相擁、比肩排隊、近距交談時，沒幾個人能想像，這樣基本的人類行為在數週後會廣泛被勸阻，甚至遭到禁止。而能意識到疫情對全球零售業等生計衝擊程度的人，更是寥寥無幾。它成了我們人生或專業生涯上無可比擬的重大事件。

　　對於疫情帶來的全球轉變，很難找到比碩大的雅各布賈維茨會展中心（Jacob K. Javits Convention Center）更合適的象徵。這處曾經洋溢著零售業界樂觀期待的會展中心，如今已轉變為美國陸軍野戰醫院，準備救治逾百年來全球最嚴重大流行病數以千計的患者。零售業大展與會者無人能預見，在會展中心交流的各項主題、概念和對話，與接踵而至的事相比竟如此微不足道。

　　如同鐵達尼號郵輪上狂歡的遊客一般，我們沒能看清全球零售業撞上龐大障礙的徵兆或警訊，終致零售業落得土崩瓦解。

二〇一九年前後的零售業

　　當我在疫情嚴峻期間寫作本書時，對全球零售業來說，二〇一九年已恍如隔世且令人懷念不已。這不是出於當年事情格外順遂。並非如此。而毋寧

在紐約市染疫人數驟增時，市內全美零售業聯盟展覽會場雅各布賈維茨會展中心，轉變成美國工兵部隊一處野戰醫院

是因為，相較之下，二〇二〇年的事態讓人毛骨悚然。

事實上，二〇一九年零售業界主要的境況是全球成長趨緩。關稅與貿易戰爭、地緣政治緊張、多家品牌因債台高築而搖搖欲墜、全球經濟再現衰退的憂慮加劇——這一切都使零售業傷痕累累，因此業界來年的商業展望與營運前景黯淡。這進而造成全球耐久財需求疲軟，並導致包括中國在內幾乎所有市場國內生產低落。

以英國為例，二〇一九年是該國零售業有史以來表現最糟的一年。加上英國脫歐引發焦慮，以及媒體大肆渲染商業街區店家倒閉潮，致使消費者信心大受打擊。

即使是美國的經濟，儘管當時失業率降至近半世紀以來新低，劣質貸款機構借貸利率也來到歷史低點，且新近又實施一輪所得稅減稅措施，卻只使得十月、十一月與十二月零售銷售額較前一年同期提振〇‧三％。零售業所謂的「黃金季度」（The Golden Quarter）榮景不再。許多品牌苟延殘喘，難以重振它們與顧客的關聯。而百貨公司等境況不佳的通路，在似無止境的重新定義價值之戰中掙扎圖存。

根據瑞士信貸銀行的報告，在二〇一九年十月之前，美國國內有七千六百個商家停業，是該行追蹤倒閉商家二十五年來，一個年度內最初九個月間最高的紀錄。此報告特別指出美國成衣業欲振乏力，是整體經濟主要潛在阻力之一。[3] 然而無需多說，美國零售業大體而言沒有打破任何紀錄。情況遠非如此。

對有資本可供投資獲利的人來說，股市行情是經濟的少數亮點之一，畢竟每項主要指標都節節高升。標準普爾五百指數在十二個月內上漲二八％，那斯達克綜合指數更比前一年同期增長三五％，道瓊工業指數則較前一年揚升二二％。

股市獲利令人咋舌，而零售業績卻停滯不前，兩者的懸殊凸顯出華爾街與商業區主街之間日益擴大且可能致命的脫鉤趨勢。舉例來說，美國全部的股票逾八〇％由約一〇％的人口擁有。[4] 有辦法玩股票的人悠然自得，而一般民眾則無法樂觀。

無論如何，我仍抱持希望。雖然零售業有若干明顯的弱點，但整體來說，比如電子商務、資料科學、體驗設計等方面，仍有看似緩慢但具有意義的進展。全美零售業聯盟年度盛會帶領我們參訪了紐約市商店街，其中店家包括來自德州有著新穎與先進顧客體驗概念的新創業者「鄰里用品店」（Neighborhood Goods）；標榜新時代體驗的玩具店營地（Camp）；結合藝廊、零售與社交空間的獨特店家 Showfields。這些商家都大有可為。雖然我覺得自己多年來在零售業界訴求變革的發言曲高和寡，但見到零售業革命終於逐漸奠立穩固根基，著實深感欣慰。零售業界顯然甦醒了。

在二〇一九年底時，我決定著手寫作新書。當時的想法是聚焦於我所見證的藝術與零售兩者之間與日俱增的交集。事實上，我在十二月三十一日已著手撰寫引論——對於七千多英里外中國當局逾兩週前向世界衛生組織通報武漢（中國中部湖北省約有一千一百萬人口的港市）多起不尋常肺炎案例，我當時並未在意。我們後來從外流的中國政府備忘錄得知，實際上在十一月中旬就已出現最初的病毒傳播跡象。[5]

跟多數人一樣，我對這則新聞並沒有多加關注，想當然地認為，中國公衛官員會妥善處理並有效地控制疫情。中方並不是首度對抗病毒，我和大家一樣認為只要每個人依循常識並勤於洗手，很快就能回復正常生活。我們西方人在過去二十多年來已逐漸習於聽聞世界其他地方爆發病毒疫情，而過去那些疫情都沒有大規模地打亂日常生活或導致商業活動中斷。因此，我們覺得有點像是在看電影，不認為有必要為此緊張兮兮。

然而市場的反應與這種不憂不慮的感覺大相逕庭。事實上，在二〇一九年十二月三十一日這一天，道瓊工業指數下挫一八三・一二點（〇・六％），收在二八四六二・一四點。標準普爾指數跌了一八・七三點（〇・六％），來到三二二一・二九點，而那斯達克指數滑落六〇・六二點（〇・七％），收於八九四五・九九點。這看似不重要的股市回落後來被事後諸葛理解為，人類社會與經濟大災難來臨前最初也最微弱的徵兆。

不久之後，我們得知在流行病學上有兩種病毒：學界已知的病毒以及新病毒。通俗的說法是，新病毒為前所未見或未被研究過的病毒。因此，對新病毒沒有已知的療法、抗體或疫苗。這是新型且全然未知的「怪獸」。

短短幾個月後，幾乎全球的零售業都因新冠病毒疫情而陷入封鎖狀態。

二〇二〇年三月三日，我在全球持續紛亂的境況下與出版商洽談，提議把我的新書主題轉變成：新冠肺炎疫情下的零售業。這是唯一值得書寫的故事。

雙頭怪獸

在評估任何危機時，部分挑戰來自如何審慎衡量其威脅程度和種種危害層面。

而對大流行病做量化評估尤其困難，因為其構成的危險沿著兩個迥然有別的軸線運行。其中一個是對健康的威脅。在這方面，我們可就新冠病毒和先前的嚴重急性呼吸道症候群（SARS）、中東呼吸症候群（MERS）、A型流感病毒H1N1、伊波拉病毒和一九一八年西班牙流感等進行比較。簡單地說，從公衛的觀點來看，新冠病毒疫情是一九一八年流感大流行奪走全球約五千萬人生命以後，傳播最廣泛也最致命的公衛緊急事態。在我寫書之際，已有逾二百萬人因感染新冠肺炎而喪生。我猜想，當你展讀此書時全球

爆發	期間	死亡人數	應對方法
西班牙流感	一九一八到一九年	五千萬人	無
嚴重急性呼吸道症候群	二〇〇三年	七七四人	疫苗
A型流感病毒H1N1	二〇〇九到一〇年	十五萬一千七百人到五十七萬五千四百人	疫苗
中東呼吸症候群	二〇一二年迄今	八八一人	無
伊波拉病毒	二〇一四到一六年	一萬一千三百二十三人	無
新冠病毒	二〇一九年迄今	逾四百五十萬人	多種療法與疫苗

▍ 新冠肺炎與其他大流行病疫情比較

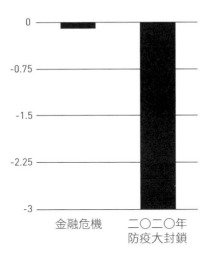

0

-0.75

-1.5

-2.25

-3

金融危機　　二○二○年
　　　　　　防疫大封鎖

▋ 新冠病毒疫情期間大封鎖對世界經濟成長的衝擊

染疫死亡人數將遠過於此，甚至可能倍增。（編按：至二○二一年十月已逾四百五十萬人）

　　第二個則與大流行病對經濟的威脅有關。這方面同樣可以援用歷史比較法。假如你年過三十，對於二○○八到○九年的全球金融危機造成的傷害可能餘悸猶存。從所有層面來看，這是多數人所經歷過最嚴重的經濟衰退。而新冠病毒疫情幾乎立刻使那場危機形同簡單關卡。

　　事實上，世界經濟論壇估計，二○二○年第一季大封鎖期間全球經濟成長率為負三％，換句話說，比○八到○九年金融危機時糟糕三十倍。在包括歐洲聯盟、英國與美國的二十國集團，經濟成長率更是不濟，估計為負三・四％。[6]

　　然而沒想到，和第二季後續發展相比，第一季的情況竟然不算太糟。

　　中國經濟雖未慘遭滅頂，但多數經濟學家認為其真正考驗即將來臨，而且中國仰賴的西方國家消費者需求，可能需時數年才會全面復原。

英國	-20.4
歐元區	-12.1
加拿大	-12.0*
美國	-9.5
墨西哥	-17.3
中國	+3.2
日本	-7.8

* 估計值

▌ 二〇二〇年第二季各國國內生產毛額變化

何去何從？

　　那麼我們需要多久才能擺脫疫情走向經濟復甦？回溯一九一八年的西班牙流感（順便一提，這可能不是源自西班牙），我們意外地發現，它的感染致死率（Infection Fatality Rate）遠高於新冠肺炎，然而它並**沒有**毀滅全球經濟。這似乎與我們當前境況不盡相符，但有許多可能說得通的原因。首先，美國等國政府於一九一八年在世界大戰上大舉支出，因此工廠生產與國內經濟持續獲得支撐。第二點是，當戰爭結束後，原先在戰時縮衣節食並努力儲蓄的消費者開始恢復平時的花費，這進一步提振了經濟成長。然而正如《彭博意見》專欄作家諾雅・史密斯（Noah Smith）所指出，其他許多重大結構性與社會性因素可能造成這兩場全球大流行病對經濟的衝擊迥然不同。[7] 首先，一九一八年當時從事農業和製造業的勞動者遠多於現今，相對來說這兩種產業較不易傳播病毒。而如今，幾乎有四分之三的美國人從事服務業，[8] 必須經常與其他人密切接觸。其次，一九一八年當時除報紙外，實際上不存在大眾傳播系統。那時許多國家的政府曾向報社施壓，要求節制報導以免激起民眾對病毒的恐懼。而多數報社順從了政府。因此，當時甚至很少有人了解病毒危害程度，而單純地繼續工作和維持日常生活。

無論如何，值得注意的是，一九二〇年發生了嚴重的全球經濟衰退並持續到一九二一年。經濟學家或歷史學家對經濟反轉直下延後發生的原因莫衷一是。某些人歸咎於戰後商品價格滑落。其他人則主張，西班牙流感主要染疫者是製造業的年輕勞動者，而直到染疫年輕勞工死亡一段時間後，製造業才具體出現生產減緩。

不論如何，一九二一年夏季全球經濟脫離衰退後，經濟穩健成長並且為「咆哮的二〇年代」（the Roaring Twenties）鋪平道路。那是一個生產力、創意與成長讓人嘖嘖稱奇的年代（我要掃興地指出，它最後讓路給了「大蕭條」）。然而，那是一個全然不同的故事。

我很難論斷歷史是否會重演。現今的醫療體系與知識不但遠比當年先進，我們對干預和刺激經濟的工具的了解和運用也今非昔比，這些因素都可能緩和疫情衝擊經濟的嚴重程度。

讓我們期許會是這樣。

「直到有了疫苗」

在新冠肺炎全球大流行初期，幾乎任何有關零售業的討論都會有人說，「直到有了疫苗……」或是「天啊！期望會有疫苗！」

好消息是，目前已有多種疫苗取得使用許可，並廣泛分配和接種。當下的挑戰在於疫苗輸送、儲存以及最終為數十億人施打，而且某些疫苗必須打兩劑才會見效。隨著第一線公衛人員與最易受病毒傷害的人開始陸續接種，可能需要數個月才會有足夠的人口打完疫苗，而達到群體免疫的水平。

因此，我們可以合理假設，社會肯定能恢復某種程度的常態，但即使出現最好的結果，商界復原到疫前狀態的機率仍然微乎其微。可能會有一段期間，我們仍將生活於揮之不去的疫情再起的風險之下。

那麼商界領袖應如何為不確定的未來預做準備？有些人堅稱我們根本無法預測未來。我全然同意，我們並不須努力推測未來。但這並不意味我們不能為未來做好準備。

在我們進一步尋求達成這個目標之前，有必要先了解一些商界領袖建構未來策略時經常誤入的陷阱。

我們誤判未來的原因

短視近利

當我們試圖預想未來時，首要的判斷錯誤原因在於，我們常會陷入只為眼前打算的狀態，僅專注於種種看似很關鍵的問題，而到頭來，我們對於長期關聯性或商業影響的設想可能不盡周全。以下是一些有關大流行病的常見問題：

- **當疫情結束後，顧客們對病毒仍會戒慎恐懼嗎？**很有可能。因此，零售商至少在短期內應採行新標準與規則（最好能考慮長期施行）。
- **消費者在面臨經濟不景氣和失業的情況下，會不會省吃儉用？**會的，我們通常都是如此，至少會節約一陣子。這意味著，零售商可能必須或多或少調整價值主張。
- **像是服飾、轉售與租賃等特定新興類別短期內會蒙受損害嗎？**服飾零售一般來說面臨了困難，但二手服飾業實際上令人意外地穩穩撐住了。某些人認為原因在於，許多轉售業者提供了建置良好的線上購物網站，使得消費者在實體店家紛紛倒閉後轉向網購。另有人指出，買二手貨如同尋寶，而消費者在沙發上就能享受這種娛樂。其他人則暗示這是出於經濟考量，是消費者對未來財務狀況的憂心驅使他們買二手貨。不論你接受哪種理論，服飾業要回復到疫情爆發前的業績，將高度依靠消費者信心、閒適的實體店購物體驗，也取決於居家辦公潮流延續的程度。

- **人們會減少去實體商店而多利用網購嗎？**這是正在發生的情況，而且顯然會持續下去。根據麥肯錫公司（McKinsey & Company）對美國、英國、法國、德國、西班牙、義大利、印度、日本、南韓與中國的研究，預料二十種不同類別商品在疫後會有更多線上交易。而在中國發現了唯一真正值得注意的例外情況，當地消費者對其中十類商品給出負面指數，間接顯示他們對這十類商品的網購將減少。[9] 我相信部分原因出於中國並非首次面臨病毒危機。在二〇〇三年爆發 SARS 疫情期間，中國已經歷了電子商務迅猛成長的轉變過程。而如今可預期其他地方將出現類似程度的轉型。

這一切都是相對來說可預料的事。我不得不對其輕描淡寫，因為長期來看，這些事並不會出其不意地打擊多數商業。這些短期引人關切的事雖有實質意義，但最終不至於毀滅某個產業。可能毀掉商業甚至整個產業的是，在我們擔心小事時發生的真正重大變化。

因此，明智的商業領袖要高瞻遠矚，以辨識出零售業與顧客行為特有的更深層變化。本書的目標即在於促使讀者深謀遠慮。

隧道視野（TUNNEL VISION）

第二項風險是缺乏視野，只狹隘地觀察自己的產業或類別，從中尋求關於新興顧客行為的所有解方。零售商往往只專注於零售，旅館業者只著重於款待賓客，銀行家只看重金融部門。而產業類別的情況甚至更糟，鞋商只觀察其他鞋店，電子產品零售業者也只在意其他同業。主管階層管窺蠡測而無自知之明。雖然留意自家門口的風險是自然反應，但只檢視自身產業或類別無助於掌握顧客、社會或更廣大零售市場的重大變化。

當下主義對未來主義

下一個問題是，我們習於粗陋地根據當前的發展趨勢來推斷未來，正如記者羅伯・沃克（Rob Walker）最近在新聞刊物「里程碑」（Marker）所言：「任何事都可能發生，但仔細檢視一下，我們言之鑿鑿的關於永久性變化的預測，多麼頻繁地純粹來自觀察近期趨勢而做出最極端的推論。換句話說，未來將類似新版的現在——只是遠不止於此。」[10]

他說的沒錯，而我們這麼做是因為，當下幾乎始終比未來更讓人感到自在。當下是我們熟悉且可以量化的，因此符合商業管理者的喜好。單純地借助我們已知且了解的事來推斷趨勢，遠比抽象化和推測更不會讓人卻步，於是管理者傾向於倚重統計數據、可核驗與可證明的事物。而未來並不提供任何這些實證的依憑。儘管如此，我們仍必須為未來做好準備。

總而言之，未來不會關切我們是否對其感到自在。作為商業領袖，我們必須總覽全局，不能只看眼前明顯的事物，要深入發掘正在醞釀的較不明顯的社會與行為改變。

全有對全無

人類會不會離棄城市？我們要讓孩子們線上學習嗎？或是讓他們回到校園和教室裡？顧客們會不會回實體商店購物？媒體喜愛問這種問題，因為這些能成為很好的新聞標題。這類提問惱人的地方在於以二元論看待未來。而我發現，絕對的變化很罕見，變化也不見得會對我們的生活具有意義。一家商店不必然是在失去所有顧客後才結束營業。同樣地，一家公司不需所有人買它的產品也能高奏凱歌。

換句話說，在追蹤各種趨勢的影響時，我們必須記得，即使是零星的變化，只要它涉及我們生活中有意義的層面，就可能改變一切。

實例對模式

我們每天都會被各式各樣主題和議題的相關資料淹沒。重要的是，我們要能分辨兩種截然不同的資料。如果你是資料科學家的話，請接受我事先就這種簡化的說法致歉。我知道資料遠多於兩種，但在我的世界，只有兩種重要的資料：實例和模式。

實例可以涉及任何事情：醫學事實、經濟報告或是產業新聞。如果這類資料極充足，它們甚至也能顯著地改變事態的發展。舉例來說，法蘭茲‧斐迪南大公（Franz Ferdinand）遭暗殺事件觸發了第一次世界大戰。九一一恐怖攻擊事件導致中東地區陷入數十年的戰亂、接二連三的恐攻，以及較以往嚴格的航空旅行規範。

雖然這些個別實例帶來廣泛的改變，但它們基本上無法預料，若用以預測未來並不可靠。預知某件事情即將發生幾乎是不可能的，除非它成為可以辨識的趨勢。

根據定義，趨勢是一系列實例的模式。醫學資料、經濟報告或產業績效之中的模式會形成趨勢。而趨勢最終會改變事物。舉例來說，二〇二〇年五月二十五日喬治‧弗洛伊（George Floyd）死於明尼亞波利斯市警察手中，這是一起悲劇事件。而它激發了全球性的抗議行動，原因在於人們從中看出長期而且顯著的模式。在這起引發群情激憤的事件裡，促使公眾對種族正義訴求的認知和回應發生改變的是其中的模式。

對零售商來說，從各種截然不同的產業和類別裡找出模式，甚至是比在零售業裡發現模式更加重要的事。娛樂事業現場表演技術進步的模式、醫療健保或教育創新的模式，能否帶給我們關於零售業未來發展的訊息？所有這些模式全然都有可能帶來各種影響。因此，與其只在顯微鏡下尋找未來，更好的方法是運用無線電波天文望遠鏡，專注地觀察整個宇宙正在發生的變化。我們必須抬起頭來，看向更遠方的地平線。

黑天鵝迷思

學者暨評論家納西姆·尼可拉斯·塔雷伯（Nassim Nicholas Taleb）發展的黑天鵝理論描述變幻莫測又極具顛覆性的事件，它們史無前例而無從預料。根據塔雷伯的定義，新冠病毒並不是黑天鵝。

這是因為在多數公司倉卒應對疫情之際，其他公司早在多年前已預先擬好因應這類危機的計畫。例如英特爾公司在將近二十年前二〇〇三年 SARS 疫情爆發時，就已成立應對大流行病常設委員會。[11]當新冠病毒疫情發生時，獲得授權賦能從昔日大流行病學習經驗的委員會隨之啟動，成為專門工作小組。這大幅加快了英特爾回應疫情的速度。

你的組織也有這樣的能力，但組織必須運用智慧正式釐清並內化責任才能駕馭這種能力。因此所有事業都應有一人或一群人專門負責瞭望台的組建與運作，以監看任何可能影響公司進程的事情。當確認了任何潛在的威脅——尤其是大流行病這種重大威脅——更要擬具應變計畫以備威脅來襲。

前所未有的處境

已有零售業者開始掉進某些陷阱。比如說，有些人埋首於極端的當下主義，把業界發生的一些變化說成只是已知潮流的「加速進行」。「這裡沒有新鮮事！全都只是已經發生過的事！」我對這種說法難以苟同。我覺得這是智識怠惰，更不用說抱持這樣的立場很危險。事實上，只要我們以這種宿命論看待疫情，就無法看清正在發生的深層的、獨特的且前所未見的社會與產業變化。這些變化是新冠肺炎大流行帶來的結果。它們不會只是單純地加速零售業的歷史進程，而是將徹頭徹尾地改變零售業。你也可以說這是零售業的大規模蝴蝶效應。

在這場危機中，我發現的不只是加速變化，而是世紀僅見的「時間的皺褶」（wrinkle in time），這個蟲洞（wormhole）正引導我們進入千差萬別的零售新紀元，而新時代將帶來新的社會規範、顧客行為與競爭威脅——這不只發生在零售業，而是遍及所有商業。當我們日後回顧時，我們會看清這場疫情是進化的轉捩點，它使得某些零售商擴展到全新的規模，某些甚至會大到令人不安。而某些業者則不幸地在優勝劣敗的法則中被淘汰出局。

無論如何，我還發現具備勇氣的品牌有個狹窄但至關重要的機會窗口。我說的勇氣是指形塑新的顧客價值、目的和關聯性，以及勇於把新冠病毒視為劇變和正向改變的催化劑。

這樣的勇氣需要領導者具備破釜沉舟的決心，就如同西班牙探險家埃爾南‧科爾特斯（Hernán Cortés）在新天地登陸後毅然把探險船燒掉那樣，義無反顧。

|第 1 章|
既有的狀況

共有三種死亡：第一種是身體功能停止運作。第二種是遺體入土。第
三種是人們不再提起你的名字。

——大衛・伊葛門（David Eagleman）

　　新冠肺炎疫情過後的零售業界將與以往有霄壤之別。中小型零售業者、
陷困的傳統品牌、境況不佳的配銷通路、現金拮据的零售商與購物中心將哀
鴻遍野。市場研究機構 Coresight Research 的分析師估計，美國光是二〇
二〇年就有約二萬五千商家關店，[1] 而全美所有封閉式購物中心的二五％到
五〇％ [2] 將在三到五年內停止營業。儘管美國市場承受得起過度龐大的零售
業進行瘦身，但美國並非唯一零售版圖大減的國家。

　　英國在二〇二〇年六月中旬也有三十一家零售業公司倒閉，造成逾一千
六百個店家關門。[3] 在人均零售額約為美國一半的加拿大，即使是經歷過半
世紀來經濟衰退及危機的鞋與飾件品牌 Aldo，也迫於疫情的沉重壓力而宣
告破產。德國當局甚至先發制人，防止公司聲請宣告破產。直到二〇二一年
三月，德國企業在能證明主要因疫情而無償債能力的情況下，方可聲請宣告

破產，這是為了防免企業倒閉潮弱化經濟。而法國和西班牙也採行了類似措施。

到了二〇二〇年九月底，北美地區共有三十一家連鎖零售商宣告破產，或是聲請破產保護：

- 二十一世紀百貨公司（Century 21 Department Stores）
- 斯坦馬特連鎖百貨（Stein Mart）
- 裁縫品牌零售控股公司（Tailored Brands）
- 羅德與泰勒百貨公司（Lord & Taylor）
- ascena 零售集團
- The Paper Store 零售公司
- RTW Retailwinds（女裝品牌 New York & Co. 的母公司）
- 美國無印良品（MUJI U.S.A.）
- 餐廚具品牌 Sur La Table
- 服飾品牌布克兄弟（Brooks Brothers）
- 服裝品牌 G-Star RAW
- 時尚品牌 Lucky Brand
- 保健食品品牌健安喜（GNC）
- 折扣、低價零售商 Tuesday Morning
- 品牌管理公司 Centric Brands（Hudson、Robert Graham、Swims、Zac Posen、Calvin Klein、Tommy Hilfiger、Kate Spade 等品牌的擁有者或授權者）
- 傑西潘尼百貨（JCPenney）
- Stage Stores 百貨
- 時尚品牌 Aldo

- 尼曼馬庫斯百貨（Neiman Marcus）
- 服飾品牌 J.Crew
- 服飾品牌 Roots USA
- 服飾品牌 True Religion
- 體育用品零售商莫德爾（Modell's Sporting Goods）
- 阿特凡家具（Art Van Furniture）
- 電商零售品牌 Bluestem Brands（Appleseed's、Blair、Draper's & Damon's、Fingerhut、Gettington、Haband、Old Pueblo Traders）
- 線上零售商一號碼頭（Pier 1）
- SFP Franchise Corp.（Papyrus 文具零售公司的母公司）
- 戶外用品零售商 Sail
- 時裝零售集團 Reitmans
- 服飾業黛娜麥特集團（Groupe Dynamite）
- 時尚品牌 Le Château

檢視過這個初期受害者列表後，一些事情變得顯而易見。就如同新冠病毒會利用人類健康弱點（糖尿病、心血管疾病或哮喘），它對零售業的攻擊手法如出一轍。免疫系統脆弱或是體質原已不佳的公司在疫情危機中存活的機會微乎其微。

J.Crew、傑西潘尼和健安喜等負債累累的品牌很早就被疫情壓垮。高檔的尼曼馬庫斯百貨公司於二〇二〇年五月聲請宣告破產，並努力嘗試重整逾五十億美元的債務。

其他零售商則純粹因通路奄奄一息而成為犧牲者。Lord & Taylor 等百貨公司在探求顧客關聯性方面已苦苦掙扎多年，當承受疫情衝擊時迅即殞

▌ 西雅圖市西湖購物中心在防疫封鎖期間幾乎不見人影

落。而銷售額主要仰賴百貨公司的品牌很快跟著衰亡。諸如一號碼頭、True Religion、Lucky Brand 等逐漸失去活力的品牌也於壓力下崩潰。在危機爆發前，它們始終未能重新蔚為風潮贏得顧客──這是一個致命因素，而在防疫封鎖期間，它們其餘的任何收入來源更全面枯竭。

　　秋季時，人們對每日新增的新冠肺炎病故人數並無太大反應，也未因零售業者宣告破產的新聞此起彼落而驚惶失措。

　　服飾品牌 Theory 創辦人安德魯・羅森（Andrew Rosen）二〇二〇年在《時裝商業評論》發表文章指出：

> 整個時裝業將經歷一場淨化，此前辛苦掙扎的業者將被淘汰出局……通過考驗的業者將擁有更大市占率。這也將為新玩家開啟入行空間，以及崛起的新機會。[4]

雖然我同意他對長期趨勢的評估，但更令人擔憂的是短期的發展。在疫情初期大批零售商宣告破產令人焦慮不安之際，多數品牌已形同送進加護病房的狀態；某些品牌則依靠維生系統撐住。老實說，除了員工失業的悲劇之外，人們將來還會記得這些品牌嗎？有多少人會因它們的消亡而感到難過？事實上，多數品牌在疫情爆發前已乏人問津，它們的殞落固然不幸，但終究是意料中的事。

新冠肺炎大流行的問題仍未結束。零售業第一波破產潮席捲體質脆弱易受傷害的業者，是可預期的情況。而在你閱讀本書時，另一波更深層的破產潮或許很快就會來臨。屆時首當其衝的將是原本體質健康的業者。

零碎的未來

美國二〇二〇年六月的報告顯示，新增工作達四百八十萬個。川普政府當時希望利用這新聞作為一切正逐步回歸常態的訊號。在很難盼到好消息的時刻，許多人僅憑表象就對它信以為真。

然而，仔細審視下，這個數據訴說著迥異的故事。首先，那四百八十萬個工作並不是「創造出來的」，而純粹是在逐漸重新開放經濟活動的過程中恢復的工作。而且，這在疫情爆發初期失去的所有工作裡僅占一小部分。其次，就業前景報告中深藏著一個未被川普總統特別公開提及的項目：近六十萬美國人回報說，他們的工作已被永久終止，這使得受疫情影響而遭永久解雇的總人數達到近三百萬。

面臨失業問題的絕非只有美國。英國同年七月也出現類似情況，封城後被強制休無薪假的約五百萬勞工，目前仍領取失業救濟金。

疫情控制比美國有成效的加拿大在一個月後約有二十五萬人重回工作崗位。即使如此，加拿大失業率仍達一〇‧二％。相較之下，二〇〇八到〇九年全球金融危機期間，加拿大失業率為八‧四％。[5]

據聯合國指出，二〇二〇年第二季全球共失去約四億個工作[6] ——約為美國與加拿大人口總合。

意圖操弄封城措施的政治領袖們也付出了高昂代價。某些國家比他國更早解封，結果不久後就被迫推行更嚴格措施。即使是南韓和紐西蘭這兩個在疫情控管立下黃金標準的國家，也一再經歷疫情復燃。我們可以理智地假設，直到全球對新冠病毒的免疫力達到合理程度，各國、各公司及其全球供應鏈夥伴，都將持續面對疫情復燃和商業活動中斷的問題。

這極為要緊，因為直到有效的疫苗廣泛施打、我們再度感到安全為止，全球經濟而不只是零售經濟，將繼續被迫在零碎狀態下運行。那麼，未來失業率會改善嗎？肯定會，但恢復充分就業談何容易。零售商店會再現購物人潮嗎？當然會，不過覺得風險仍在的人除非逼不得已否則不會。此外，設置遮罩、隔板和保持社交距離等措施都將進一步縮減銷售量。消費者將來出手會更大方嗎？某種程度來說會，然而部分人出於財務穩定考量，會把錢存起來以備不時之需。這將使商業進入痛苦狀態。雖然重新開放做生意，但恢復不了疫情爆發前的銷售水平，因為顧客將有所顧忌，而且種種曠日持久的防疫措施將重創銷售額與利潤。

隨著銷售與利潤持續零碎化，各產業類別很自然會尋求縮減開支——許多公司已展開這樣的過程。採購訂單將會暫停，有些員工將遭永久解雇，各種會議將被取消，許多辦公室會持久關閉。經濟緊縮的涓滴效應將造成失業潮擴大，且將席捲較低薪的第一線零售與服務人員，甚至白領階層。這還會持續蔓延開來。隨著零售與辦公空間前景黯淡，商用不動產部門的餘波很快就會升高成為危機。在食物鏈底下的管理服務業者、保全公司，甚至於機構投資人，都將感受到零碎化的未來附加的痛苦。

觀察各世代

新冠病毒特別令人生畏是因其影響是多層面的。它構成持久且深遠的健康威脅，並且伴隨著滯後的經濟破壞。它對老年人和健康不佳的人威脅最嚴重，但年輕人也未能幸免於難。另一方面，它對經濟的威脅最實質地衝擊年輕人和財務不穩定的人，而老年人亦未能免受其害。結果幾乎每個世代群體所有經濟階層都面臨健康、財務或兩者兼具的考驗。

千禧世代

就收入、財富與資產而言，千禧世代（或是一九八一年到一九九六年之間出生的人）面對疫情的條件落後於他們之前所有世代。舉例來說，美國聯邦準備理事會新近的研究發現，「千禧世代二〇一六年家戶平均資產淨值約為九萬二千美元，扣除物價上漲因素後，較 X 世代二〇〇一年家戶平均資產淨值少了近四成，而且大約比嬰兒潮世代一九八九年家戶平均資產淨值少兩成。」[7] 該報告還暗示，此差距可能對千禧世代造成終生效應，持久地影響他們的生計和生活方式。

事實上，大量研究證實，與經濟穩定或成長期進入職場的世代群體相比，經濟下行時期進入職場的各世代成員，收入與財富幾乎總是較為不足。此外，千禧世代多數人還背負沉重的學貸（尤其是北美地區），這一切使得他們成為失落的一代。確實，在全球金融危機過後十年，千禧世代的收入才剛開始跟上較年長的世代群體，沒想到卻又遭受新冠肺炎疫情重創。

再者，據皮尤研究中心（Pew Research）指出，在許多受創最嚴重的產業（比如旅遊與休閒產業）千禧世代遭裁員人數高到不成比例，因為這些產業傾向雇用較年輕的員工。[8] 千禧世代中較年長者應當正值人生的支出黃金時期，而經濟上的雙重不利因素預示著他們的財務前景不妙。

Z 世代

一九九六年之後出生者現今的處境恰好與十年前的千禧世代雷同。他們面臨著沉重的學貸以及房價和保險費節節攀升的景況。當前就業市場對他們愈來愈不利。根據「數據促成進步」（Data for Progress）智庫二〇二〇年的研究，「四十五歲以下選民過半數（五二％）失業、被迫休無薪假或減少工時，而四十五歲以上選民僅二六％陷入相同境況。雖然新冠病毒對老年人的健康危害最大，但年輕選民因疫情付出的經濟代價更高。」[9]

X 世代

X 世代，或是一九六五年到一九八〇年之間出生者，雖在健康上較不那麼脆弱，財務上也可能較為穩定，但仍有他們自己的一些問題。其中許多人當前同時要照顧小孩和高齡父母，而且此群體中最年長者也愈來愈擔心退休問題。我們不能寄望 X 世代肩負起經濟復甦的重擔，畢竟他們在總人口裡所占比率太小，並非穩操勝券。以美國為例，X 世代群體人數比嬰兒潮世代少一八％，更比千禧世代少二八％。即使 X 世代在危機中支出格外多，也很難使經濟景氣好轉。

嬰兒潮世代

雖然嬰兒潮世代依然是多數已開發國家最富裕的群體，但這不意味著一九四六年到一九六四年出生的這群人脫離了困境。事實上，他們面臨著雙重的威脅。年逾五十五歲的人一旦染疫不僅重症風險較高，他們也正處於退休或計畫退休的階段，而此世代還沒為退休做好財務準備的比率令人擔憂。美國審計總署最近的報告顯示，四八％五十五歲以上的美國人 401K 退休儲蓄計畫帳戶裡沒有存款，或者沒有正式的退休基金。[10] 許多歐洲國家屆退勞工也存在類似的存款不足問題。

五八％嬰兒潮世代的人指出，他們的工作受到新冠疫情拖累，有必要全面重新檢視財務處境。某些嬰兒潮世代的人在疫情期間動用了退休儲備金。有些計畫提早退休的人現在可能必須在職場待久一點。而這將造成瀑布效應使得年輕人可獲得的工作變少。

沉默世代和最偉大的世代

我們之中最高齡的世代感染新冠病毒致死率大約是其他世代的二十倍。因此，他們多數在沒完沒了的疫情期間閉居家中，等候疫苗接種，並守好財務資源。

在這樣的背景下，近代史上或許從未有其他時期比當前更須著重了解顧客心態。這引出了一些最關鍵也最常被人提起的問題：在這場危機之中，顧客們都在想什麼？他們內心最深處有著哪些恐懼和憂慮？而最重要的是，如何才能促使他們再次購物？

解讀危機中的顧客

行銷涉及許多事情，但最核心的是說服人的藝術。這是在最佳時機向特定顧客傳達正確訊息的一門學問，期能喚醒顧客的需求或欲望，好促成可預期的行動或反應（通常為購買行為）。即使是在最有利的情況下，要做好這一切也難如登天。而在新冠肺炎全球大流行之際，情況顯然不如人意。事實上，我們可以毫不誇張地說，這場危機是我們生活與專業生涯裡造成最嚴重創傷的長期事件。加上疫情期間發生諸多社會不安與衝突事件，行銷人員與零售商期望觸及的顧客內心難免波濤洶湧。

那麼，危機下的顧客心態究竟如何？恐懼會怎麼影響我們的行為？顧客們這時會接受或拒斥什麼樣的訊息？這一切問題促使我向厄內斯特・貝克爾（Ernest Becker）尋求解答。

貝克爾曾任西門菲莎大學（Simon Fraser University）人類學教授，他執教期間於一九七四年寫出了獲得普立茲獎的著作《拒斥死亡》（*The Denial of Death*）。書中核心論點為，相對於其他動物，人是獨特的，我們意識到自身存活著，每天早上醒來見到太陽升起時會想說：「活著真好！」而這個獨一無二的進化特徵宛如一把雙刃劍，因為我們同時也認知到死亡。我們知道何謂死亡，明白它的必然性，也感受到死亡是恆久不變的事。

貝克爾的基本假設是，對死亡的認知和恐懼驅動著我們日常生活絕大部分行為。他也推測說，因為終將一死，人類精心建構出複雜的世界觀，以賦予生命意義和目的，並轉移對死亡終不可免的注意力。工作、學校、家庭、團隊與宗教場所共同形成人類活動的心理緩衝區，使我們不至於始終意識到自己終將死去。我們規畫未來以進一步避免想到死亡，而這也是假設我們未來會活著享受這些計畫。最後，我們以這樣的世界觀為生命找出價值與意義，也確保從全局來看我們在某方面舉足輕重。我們使自己相信，雇主仰賴我們，家人需要我們。而且對某些人來說，奉行和實踐宗教信仰可修得來生福報。確立這種世界觀之後，我們得以繼續日常生活，在多數時候不會有意識地想到死亡。貝克爾也指出，有些事件會突破我們世界觀的安全屏障，把凡是人終有一死的概念帶到我們眼前，於是一系列重大心理變化隨之發生──包括消費者行為的改變。

謝爾登・所羅門（Sheldon Solomon）、傑夫・格林伯格（Jeff Greenberg）和湯姆・皮茲欽斯基（Tom Pyszczynski）等美國社會心理學家組成的團隊，進一步擴大了貝克爾影響深遠的著作。據所羅門指出，「貝克爾假設，如果我們只想著『總有一天我會死掉，我走到外面可能被隕石砸死或染疫病死』，那麼我們將無法正常過日子。你會變成畏縮在床底下、尋找強效鎮定劑的一團顫抖的原生質。」[11]

他說，貝克爾的文化世界觀理論言之成理，這套世界觀確實能轉移我們的注意力，把我們與終須面對的死亡隔離開來。

　　貝克爾的理論雖然很有說服力，但從未在現實世界獲得印證。因此所羅門和他的團隊開始著手加以驗證。在一系列對照試驗（controlled tests）裡，他們使實驗對象有意識與潛意識地想起死亡，然後帶領他們進行一連串測試，以衡量他們行為和認知上的變化。

　　該團隊的發現意義非凡。

　　死亡提醒或是所羅門與團隊所稱的「死亡凸顯」（mortality salience），確實會使研究對象的態度和行為突然改變。死亡提醒使人們更加渴望與言行相近和國籍、宗教或政治信仰相同的人為伍。死亡凸顯也會影響人們對政治與社群的態度；在受到死亡提醒後，人們會被更民粹且有群眾魅力的領導人吸引。死亡凸顯也會使人看輕大自然與動物世界的價值，讓人更加願意為了自己的經濟利益去開發自然資源。

　　儘管這些延伸貝克爾論點的發現令人印象深刻，當時所羅門還不知道二〇〇一年發生的一起事件會成為死亡凸顯理論在現實世界的深刻試驗。

　　二〇〇一年九月十一日（週二）早上八點四十五分，第一架飛機撞進紐約市世界貿易中心北塔，十八分鐘後，在全球民眾集體恐懼地看著報導時，

▎謝爾登‧所羅門教授是研究危機如何影響人類行為的先驅

第二架飛機撞穿了南塔的第六十層樓。無數的人焦慮不安，深感自己也有可能成為當天雙塔裡的受害者。我們不同程度地被提醒並感受到自己終將一死。

「在二○○一年九月十一日之後，我們獲邀撰寫一本關於恐怖主義的書，」所羅門說道。「在那本書裡，我們主張九一一事件是重大的誘發死亡凸顯效應的事件。」[12] 正如所羅門與團隊在實驗室裡觀察到的行為改變，他們在九一一事件後見證了現實世界發生相同的變化。

特別的是，該團隊觀察到炫耀性消費明顯增多。金錢和物質財富在人們心目中變得更加重要。租借影片、賭博、飲酒等活動急遽增多，心理疾病案例也大增。

所羅門終於明白，人們對於死亡凸顯實際上有一種明確且可預期的回應方式，而且會藉由它積極地努力重建世界觀。

安全保障與分散注意力

首先，當生存危機發生時，我們會尋求重新獲得安全保障。所羅門指出，金錢是有助於我們重獲安全保障的一項資源。他還補充說，在許多文化中，金錢代表不死不滅。所羅門說：「當美國人對此提出質疑時，我告訴他們看看一元美鈔背面，上頭寫著『我們信靠神』，而在左側有一座金字塔，塔上飄浮著一顆眼球，那正是古埃及的不死不滅象徵。」[13] 他指出，對某些人來說，金錢是反抗死亡的物神，它是一種自成一格的宗教。

這種重新控制混亂局面的需求造成即刻的衝動，驅使我們耗用我們相信有助於重獲控制的資源。這可以解釋我們在新冠肺炎大流行期間周期性地見證的許多人類行為。比如說，恐慌地搶購乾洗手劑和消毒劑、大手筆修繕房屋、在家烹飪與烘焙蔚為風潮──這一切都是建立安全感與獲得慰藉的方法。

▌消費者在疫情最初爆發時恐慌地爭相購買、囤積主食與日用品，圖為美國佛羅里達州奧蘭多市雜貨店所剩無幾的貨架

　　所羅門指出，安全感只是這個方程式的一個環節。人們另外也前所未見地在桌上遊戲、網飛影音串流服務、腳踏車和園藝用品上大舉支出——這些全都能分散大家對威脅的注意。

　　最近一項跨國研究發現，除了日用品、個人護理用品、雜貨和家庭娛樂之外，消費者總體來說傾向於節縮開支。[14] 或許這並不令人意外。

　　在危機時期，營銷訊息若能給予顧客安全感、令他們覺得對財務資源取得某種程度的控制，將最容易被接受、了解並發揮作用，這是合情合理的事。鑑於疫苗廣泛接種可能曠日持久以及經濟隱憂迫在眉睫，一般消費者或許會長時間困在不同程度的**尋求安全保障與分散注意力的狀態之中**。

　　新冠肺炎疫情並不是像九一一那樣為時短暫卻造成重大創傷的事件，它在二〇二一年甚至於二〇二二年將持續對人類健康與經濟構成威脅。在疫情的威脅結束之前，積極試圖使顧客超越現況的一切努力可能徒勞無功。常言道，人要識相一點，行銷人員應當審時度勢。

價值與歸屬感

某些人可能會感到意外，在疫情高峰期確診個案數與死亡率升高之際，許多人似乎更關心一件事情：他們喜愛的球隊究竟何時才能恢復比賽。世界各地不論是歐式足球、美式足球、棒球或板球的球迷不斷喧嚷著，想看他們的球隊與體育明星重返球場。

可能有人覺得疫情下這種心態全然不理性。然而，如果我們從死亡凸顯的視角來看它，則是非常合理的事情。對多數人來說，我們為之喝采的球隊是身分認同不可或缺的一部分。這種關聯滋長我們內在的自我價值感與歸屬感。體育賽事不僅是紓解生活壓力的健康消遣，也經常在我們的社交圈發揮搭橋的作用。

據肯塔基州莫瑞州立大學（Murray State University）教授丹尼爾‧旺（Daniel Wann）指出，追蹤和支持體育隊伍是「對心理健康非常有益的活動」。他說：「成為運動迷使我們與其他興趣相投的人產生連結，這滿足了我們的歸屬感需求。」他進一步表示，自認是運動迷的人「與對運動不感興趣的人相比，有較高程度的自尊感、較低程度的孤寂感，而且傾向於對他們的生活更加滿意」。[15]

一旦我們認知到病毒不再構成立即的威脅，或是威脅至少已大幅降低時，我們將積極尋求重構生活，並努力重建自尊和自我價值感，而渴望恢復體育賽事只是我們將怎麼做的一個例證。

至於做法則因人而異。雅詩蘭黛（Estée Lauder）公司前董事會主席李奧納多‧蘭黛（Leonard Lauder）創造了「口紅效應」這個名詞，當時他了解到，在發生經濟危機或是經濟衰退時，公司口紅銷售量反而增長。他推測這是因為女性在經濟下行時會買口紅這類小件嗜好品來替代高價奢侈品。重點是，有人可能買新車滿足自尊需求，而其他人可能去旅行，或上美甲或美髮店，或只是買一管口紅。而令人擔憂的是，人們還會訴諸一些負面的行為，比如說使用禁藥、酗酒和賭博。

消費者會尋求能滿足自我肯定與自我價值感的產品、服務和體驗——至於是什麼則不重要。

在這個階段，負責任的行銷訊息方能廣獲認同。當消費者進入重建世界觀的階段時，把產品或服務宣傳為安全且有責任感的小小獎勵，將收到極好的成效。

傳承與來世

到頭來，與死神擦肩而過將使我們思考，自己將留下什麼足以流傳後世的印記，而後人又將如何緬懷我們。對於某些人，這個需求將經由超脫世俗的方式獲得滿足，比如說應許死後有來生的所有主流宗教。

而對於其他人，傳承感則是藉由名聲、財富、權力、威望、有形財物來獲得，也就是心理學教授伊莉莎白・赫希曼（Elizabeth Hirschman）所說的「世俗不朽」（secular immortality）。[16] 在這樣的情況下，消費者可能較能接受自我提升、個人轉型、人生願望清單體驗、公益創投、購屋買車、大手筆投資相關訊息。

對於受疫情傷害的顧客當下和未來的心理狀態，我們行銷人員必須格外敏銳。為盡量簡化疫情期間人類行為的複雜性，我試著在後面提供一些重點速記。

要點是我們人類的行為並不是非黑即白。我們不會單純地活在不是儲蓄就是揮霍的狀態。我們今天壓抑住對特定產品或體驗的需求，並不意味著我們會無止境地這麼做。這在危機時期尤其如此。我們此刻都經歷著複雜但必要的心理過程，我們對於某些行銷訊息可能極易接受，而對於其他訊息則可能視若無睹——甚或無視我們的需求狀態而避開或鄙視它們。據所羅門指出，疫情過後也很可能會有一段顯著的經濟繁榮、生產暢旺與買氣活絡的時期。而有件事是肯定的：我們的想法與感覺忍受了如此長時間的衝擊，我們的購物行為勢必隨之發生持久的改變。

顧客導向	需求狀態	可觀察的行為		需求的產品和服務
		正向	負向	
安全	面對威脅渴求能控制安全	尋求能立即緩解威脅的產品與服務	熱切地專注於金錢，囤積物資，恐慌地購物	著重於安全保障和控制
分散注意力	心理上需要分散對威脅的注意	追求新嗜好、新消遣、新娛樂	專注於瑣事，可能濫用藥物以及酗酒	要能轉移對威脅的注意
自尊感	想要重新確立個人價值與目的感	購買個人護理與保養所需小件產品和服務	過度消費、出現危險的甚至成癮的反社會行為	承諾以負責且健康的方式增進自我價值感
歸屬感	期望重新連結家人、社區和社會、政治與信仰機構	渴求與朋友和家人重聚，並重新連結團隊、社區、工作小組、宗教團體	可能展現極端政治觀點與仇外心理	促進安全且負責的連結社交圈或同好社群的橋梁
傳承	尋求世俗或超脫世俗的對來生的應許	縱情於大手筆購物、自我轉型、人生願望清單體驗、公益，以及強化的靈性連結	過度消費並展現宗教或政治極端思想	承諾地位或成就；促成轉型的機會；使人珍視有限的生命和創造正向與持久的家庭回憶；致力為世界帶來正向改變

▌ 危機中的消費者心態

什麼會維持不變？

疫情期間報章頭條、分析和直播節目最常問的另一個問題是，在疫情過後哪些消費行為可能會一如既往。我們形成的哪些習慣將持之以恆？

你可能曾經聽說過，養成或打破一種習慣需時二十一天。但你可能不知道，這說法不確實，情況不完全是這樣。這個想法最初是由美國整形外科醫師麥斯威爾・馬爾茲（Maxwell Maltz）廣為傳播。據他觀察，整形病人似乎平均需要二十一天來適應手術結果。隆鼻病人習慣新面貌的時間是二十一天。截肢病人約需三週來擺脫肢體仍在的幻覺。雖然從未通過臨床驗證，但馬爾茲醫師將這些專業觀察加上他對個人行為的反思，寫成《改造生命的自我形象整容術》（Psycho-Cybernetics）一書於一九六〇年出版。他在書中指出：「這些觀察和許多其他常見的現象顯示，舊心像（mental image）終結和新心像成形至少需時約二十一天。」[17]

出乎意料的是，醫界和組織行為學家開始習於引用馬爾茲這項理論。而事實上，馬爾茲的說法至少有一部分是錯誤的。雖然我們可能至少需要二十一天來擺脫或強化慣性行為或例行公事，然而真正養成新習慣需要更久的時間。根據《英國全科醫學期刊》（British Journal of General Practice），養成新習慣所需確切時間為六十六天。[18] 重點是，當我們終於脫離疫情時，消費者有可能需時六百天來探索新通路、品牌和各式購物相關技術，以形成新習慣和行為。要精確估測消費者習慣與行為如何變化，我們不能光是向零售業尋求解答。人生不是零售所能反映。零售只呈現出我們在何處如何生活、工作、教育、溝通、旅遊和娛樂自己。換句話說，在試著推測疫情將如何重新形塑零售業之前，我們首先應了解疫情將如何重塑我們的生活。

|第 2 章|
蟲洞

我把即溶咖啡放進微波爐，然後時光幾乎倒流。

——史帝芬‧萊特（Steven Wright）

　　日前我與妻子外出時發現，住家附近正興建一所新學校。我們當時只看了那建築骨架一眼，就肯定地斷言那是一所公立小學，而我們的判斷最終證實無誤。

　　我不禁尋思，為何多數公立學校的設計如此墨守成規。結果我發現原因可追溯到約二百年前。其實當下的公立教育體系是工業革命的一項產物。

　　在工業化之前，幾乎只有王室權貴或富裕菁英能接受正式教育。而工業化改變了工作本質並需要工人學習新技術，於是工廠業主創辦了一個教育體系，其唯一目的在傳授基本技能和知識給未來的勞工大軍。這就是現今所稱的「工廠學校」（Factory schools），它最初源於普魯士，後來很快就普及到世界各主要生產中心。學生從而開始依年齡分級並依課程標準按部就班學習。然而這個教育體系的目標並非培養深刻或創新的思想家。它是專門設計來充實學生的知識與技能，使他們能順從地從事生產且不會給工廠製造問題。這個體系唯一目標就是提高工業生產力、促進繁榮與財富。像這樣訓練學生為職業做好準備，使得教育成了生產體系，而其產品就是能勝任工作且聽命行事的勞動生力軍。這後來成為我們的現代公立學校體系。當今許多公立學校的建築與工廠如出一轍絕非巧合。因為它們的使命並非啟發卓越思想，而是把合格的學生送上學術生產線。

學校不是工業時代唯一產物。當你下次去到一個大城市，請站在街角觀察一下四周環境。你看到的建築、商店、大學、通勤族、學生、地下鐵站、計程車、巴士、火車、媒體，事實上幾乎全都是工業時代的產物。這些都是兩百多年前生產力、繁榮與財富逐漸開始集中於各大都市後，種種活動帶來的結果。

在一八○○年代以前，全球多數人過著鄉村生活，而且主要從事農業工作。貨品泰半是在地生產在地銷售。村裡鞋匠、陶工、織工不但製造產品同時也是銷售者，他們通常為顧客量身訂做所需物品。我總覺得這很有趣，因為當今眾品牌「直接面對消費者」（direct-to-consumer）的銷售模式，其實就像商業本身一樣源遠流長。

無論如何，到了一八○○年代中、晚期，工業化突飛猛進並日趨集中，各大城市人口開始暴增。在一八七○年，美國只有兩個都市人口超過一百萬，而到了一九○○年，擁有逾百萬人口的美國城市增加到六個，當時有四成美國人移居都會地區。[1] 隨人口而來的是權力關係，於是都市成為政治、文化與經濟活動中心。

大約就在此時，零售開始反映工業化世界的樣貌，第一波百貨公司應運而生，其中包括樂蓬馬歇（Le Bon Marché）、塞爾福里奇（Selfridges）、梅西（Macy's）、馬歇爾菲爾德（Marshall Field's）等。它們都是在歷史性需求爆炸期間崛起。雖然昔日的生產者通常也同時是銷售者，但在講求效率和生產力的時代，勞動日趨走向分化。生產者專事製造，銷售則由營銷人員負責。一八○○年代之前典型的客製化模式，迅速被標準化商品量產所取代，而經由達到規模經濟，商品價格通常得以降低。

需求增長意味著需要更穩健的供給，到了一八○○年代中、晚期，現代供應鏈前身開始逐步成形。受惠於蒸汽引擎、汽車、火車、有軌電車等新運輸工具，從一地運送原物料到另一地製成商品，再送往另一地販售，不但成為可能，也具有經濟效益。以歐洲服飾業為例，它原本仰賴印度供應棉花等原物料，而今則能以更具競爭力的價格從美國買棉花，最後再把成品銷往美國。到了一九○○年代中期，貨櫃運輸等進一步的創新使得商品流通更加得心應手。

隨著都市人口與日俱增，建築師想像力一飛沖天，首波摩天大樓拔地而起，較低樓層為住宅，較高樓層則設商辦廠辦。勞工大軍日復一日湧進這些大樓賺取薪資。城市作為全球經濟引擎的地位日漸穩固。

第二次世界大戰結束後，美國在哈佛大學教授麗莎貝思・科恩（Lizabeth Cohen）所稱的「消費者共和國」（consumer's republic）[2] 推波助瀾下脫胎換骨。在一九四五年之前，美國人主要租房子居住。到了戰後時期，美國軍人權利法案等提供的補助使人們得以擁有自己的家和土地，從而吸引大量人口遷居郊區。由於自有汽車空前普及，加上新建許多公路網，現代通勤生活水到渠成。

零售業者嗅到新商機，第一波郊區購物中心在一九五○年代應時而生。它們於往後三十多年間成為民眾消費生活中樞。在現代中產階級興起後，購物中心業者幾乎很難與郊區消費者需求保持同步。史上人口最多的嬰兒潮世代在五○年代晚期正值四到十四歲，其各項需求帶動了史無前例的消費榮景。他們對已開發經濟體影響深遠且持續至今。

隨著新興中產階級離開都市移居郊區，都會中心地帶開始轉變成上層階級和下層階級的街區。到了一九六○年代，大西洋兩岸各城市貧富不均的問題導致犯罪率驟升。正如哈佛大學教授史蒂芬‧平克（Steven Pinker）所言，「美國與歐洲歷史發展軌跡有諸多不合拍的地方，但兩者同時經歷了一個趨勢：他們的大都市犯罪率都在一九六〇年代出現重大變化。」[3] 美國犯罪率於六〇年代倍增，達到一個多世紀以來的新高點。

在各城市逐漸腐化之際，市內商業中心也隨著走向衰敗。在往後近三十年間，西方國家多數主要都市高失業率和高犯罪率始終揮之不去。

無論如何，自一九八〇年代晚期以迄今日，一項新革命綿延不斷。諸多因素促成了擴充版都市化，從科技業先驅 IBM、微軟與蘋果到第二波新科技公司臉書、亞馬遜、優步和推特，為都市帶來源源不絕的稅金、嶄新的基礎設施，和難以計數出手大方的年輕科技業人士。都市不但提供科技公司集中且顯眼的坐落地點，也使他們得享鄰近全球最傑出理工學院的地利之便。就如同先前的工業大亨一樣，科技新貴們的產品市場日益擴大，而且有取之不盡訓練有素的人才為公司提供成長動力。

當今全球半數人口居住在大都會地區，其經濟潛力無可限量。根據世界經濟論壇二〇一六年的報告，「從當下到二〇二五年，全球三分之一經濟成長將來自西方主要首善之都和新興市場的巨型都市，三分之一將來自新興市場人口眾多的中等城市，另三分之一則將來自開發中國家小型城市和鄉村地區。」[4]

這個趨勢造成財富、成長與流動性顯著失衡。據布魯金斯研究院（Brookings Institute）指出，自二〇〇五年以來，「創新部門」九成的成長集中在美國五個大都會地區。[5] 但這一切可能即將改變。工業時代以來的都市化、集中化、商業化，以及最終的都會全球化，或將經歷歷史性逆轉。而新冠病毒將是這個過程的催化劑。我們生活、工作、教育和娛樂自己的方式，尤其是我們購物的方式，可能都將發生根本性且持久的變化。

有些讀者看到這裡可能覺得我在胡扯而把書拋開。

　　我可以理解其中原因。畢竟我們都聽說過一些類似的籠統預測，而它們最終都沒有成真。新冠肺炎大流行最顯著的比較對象是一九一八年西班牙流感大流行，值得注意的是，儘管當年防疫採行了一定程度的降低空間密度（de-densification）措施，但疫情並沒有使都市各項活動和大型聚會中止，也未造成餐廳與商店停業，或大眾運輸系統停運。

　　這兩個疫情主要卻最常被忽略的差異在於，當今我們擁有其他任何歷史時刻沒有的選擇。人類過去從未曾像現在這樣享有科技賦予的空間與時間自由。我們幾乎能在任何時刻從任何地方做任何事情。這對於一九八〇年代的人來說就像是科幻情節，更不用說一九一八年那時的人們了。

　　當今集中化的產業與工作、系統化的教育，以及產品配銷體系都很可能土崩瓦解。問題出在現今的零售業是工業時代所造就。商店選址、設計、規格、營業時間、營收模式都是建立在工業時代的基礎上，而在數位時代這一切顯得搖搖欲墜。

　　最終能挺過疫情的將是有先見之明、能了解世界未來走向的那些公司。零售商若能從工業時代遺緒脫胎換骨，將安然撐過變局。而那些做不到的零售商將被時代淘汰。以下請聽我解說原因。

工作的未來走向

　　在二〇一七年，我參與了擁有紐約辦公室的日本大型跨國公司的策略規畫。當年的數場會議使我親身體驗了日本職場文化。日本人的工作倫理、敬業態度和對雇主的忠誠，於我宛如傳奇事蹟。事實上，日文有個特有名詞「過勞死」，意味工作過度勞累致死。日本人視辦公室為神聖所在，這是日本職場文化精神特質的核心。

　　最令我感到意外的是，日本人似乎也根深柢固地依靠著集中管理、面對面做事的辦公室文化。儘管我們可以透過電子郵件、電話會議或 Skype 來推進對話、重大事項和專案目標，我們還是召開了很多面對面會議。事實上，在一次面對面會議時，我們花了近一小時試著弄清楚如何以影音串流方式讓東京人員聽取我的簡報。

　　隔年我訪問東京時，對日本這種風氣有了更敏銳的洞察。據東京一橋大學日本職場文化專家小野浩教授指出，「這裡只有一種做事方式。工作必須於特定時間裡在公司完成，學習必須在學校進行，看病要去醫院。」[6]

　　儘管如此，新冠肺炎疫情已迫使日本人重新思考辦公室文化。如今在日本，合約數位化、召開 Zoom 視訊會議，甚至於下班後舉辦線上清酒派對，已成為時髦的事情。即使是迄今日本商業活動必備的「判子」（hanko，印鑑）也可能被限制使用。據一些日本企業主管指出，印鑑是居家辦公首要障礙，因為員工必須回到公司辦公室用印。由於新冠病毒肆虐旭日之國，這裡許多由來已久的傳統正受到嚴格審視。這證明了任何事情都有可能改變，包括我們對辦公室的依賴。

辦公室消亡

　　臉書公司在二○二○年五月二十一日宣布將讓數萬名員工長期居家辦公，同時也允許他們自由選擇在地球上任何視為「家」的地方遠距上班。馬克・祖克柏（Mark Zuckerberg）向 The Verge 網站表示，

> 我們將成為同規模企業裡在遠距工作上最先進的公司……我認為在未來五到十年——或許比較接近十年——我們將長期以遠距辦公方式完成大約一半工作。[7]

　　而在同一天，加拿大電商巨擘 Shopify 和社群媒體平台推特也都發布了類似公告。Shopify 創辦人暨執行長托比亞斯・盧特克（Tobias Lütke）

表示，他預期多數員工將選擇居家上班，他還補充說，「我們實際上是在選擇是否要當這波變革浪潮的過客？我們應否試著想出不常群聚也能建構世界級公司的方法？」[8]

到了七月底，谷歌公司也宣布將讓員工在家工作直到二〇二一年夏季，此舉影響及於全球近二十萬谷歌雇員。[9] 除了科技公司，各家銀行也盤算著沒有辦公室的未來，這包括加拿大蒙特婁銀行和英國巴克萊銀行。而食品製造商億滋國際（Mondelez）、全美保險公司（Nationwide Insurance）、摩根士丹利也相繼跟進，全面重新思考辦公室的價值與效用。以全美保險公司為例，它將果決地全面關閉五處辦公室，並准許四千名受影響員工長期居家辦公。

巴克萊銀行執行長傑斯・斯塔利（Jes Staley）最近表示，「我們對辦公地點的思考策略將長遠地調整……七千人在同一棟建築內上班將成為前塵往事。」[10]

但很顯然，居家辦公並不適用於所有類型工作。已開發國家民眾在家上班可能性顯著高過開發中國家，而且此趨勢主要集中於白領工作。

那麼，究竟有幾成工作可居家完成。最近的一系列研究試圖運用各種分析方法提出量化數據。

雖然不是大部分工作，但可居家完成的工作百分比相當可觀。而且這是假設只使用現有居家辦公工具和科技，我們還須考量這些利器將持續被重新想像並日益精進。

例如，臉書在二〇二〇年九月發表了稱為「無限辦公室」（Infinite Office）的居家辦公新平台，這是一個透過頭戴式裝置啟動的擴增實境多螢幕平台。臉書指出，用戶可以在身歷其境、充分協作的虛擬環境中進行團隊會議，也能利用擴增實境功能把數位資訊覆蓋於現實世界環境上。我們可以合理推測，隨著疫情持續，更有生產力且更具效率的在家辦公工具將不斷推

國家	百分比
阿根廷	26–29
法國	28
德國	29
義大利	24
西班牙	25
瑞典	31
英國	31
美國	34
烏拉圭	20–34

▌各國可居家完成的工作百分比

陳出新，甚至將使 Zoom 成為過時產品。

在家上班行得通嗎？

簡單說，答案是肯定的。

雖然疫情導致學校關閉，居家辦公要應付孩子們額外的需求，但在疫情爆發前已有多項研究顯示，在家工作明顯有利於提高生產力和員工滿意度。

史丹佛大學一項研究檢視了中國線上旅遊服務公司攜程（Ctrip）。這家公司正試著刪減上海辦公室開支，於是其客服中心徵用五百名員工（其中半數隨機挑選），進行一項居家辦公實驗。這項實驗假設，在辦公室方面省下的錢，將被在家上班員工的低生產力消耗掉。然而，事實正好相反。該公司生產力提升了一三％，其中九％出於每個輪班工作時間增加了數分鐘（因為休息時間縮短，也較少人請病假），另外四％則是由於每分鐘客服電話增多。[11]該研究發現居家辦公使員工對工作滿意度較高，員工離職率隨之全面降低。

另一項調查顯示，逾千名居家上班員工認為，生產力提高部分原因在於他們每年實際工作時數增加了十六·八天——由於受訪者居家辦公前每年累計通勤時間平均為十七天，所以這可能是省下每日通勤時間的結果。[12]

在家工作還有其他潛在益處。首先，辦公空間密度降低可促進員工整體健康。實施居家辦公的紐約和香港等城市，不但平息了新冠肺炎的急遽蔓延，也使得流感季節驟然縮短。以香港為例，當地二〇一九年到二〇年流感季節比先前五年縮短了六三％。在二〇〇三年SARS疫情期間，香港也曾有類似的流感季節縮短現象。[13]

其次，擺脫了地理上務求鄰近辦公室的種種限制，雇主們潛在人才庫從而大幅擴展。

最後，研究發現遠距工作員工事實上也能形成社會關係網絡，這在其他方面也可找到證明。學者暨作家麥特·克蘭西（Matt Clancy）指出，據估計「四一％美國成年人會和他人一起玩線上遊戲，平均時間將近每週五小時，研究顯示，玩家在線上展現的社會資本形式與離線後並無不同」。[14]

如果你覺得這只是少數白領公司暫時的本能反應，請思考一下普華永道（PwC）近期一項調查，它發現當前有二六％美國公司正積極尋求減少房地產方面的投資。

讓我們正視問題，對於多數公司來說，辦公室從來不是效率或生產力的模範。請想想每年有數以兆計工時耗費於茶水間閒聊或清理辦公室冰箱。在多數情況下，辦公室只代表兩件事情：企業的虛榮象徵和集中監控員工的機制。在工業時代，設辦公室或許合理，但在數位時代，這逐漸成為荒謬的事。

那麼，這一切與零售業有何相關？正如《紐約時報》記者馬修·哈格（Matthew Haag）所說大有關係：「所有經濟活動都受到進出辦公室的龐大人流重大影響，從交通尖峰時段地鐵、巴士與通勤電車班次，到新建築興工、街角酒吧的生計無一不受其衝擊。」[15]

這話千真萬確。試想每天有逾一百五十萬人湧進曼哈頓區，而其中只要有二五％通勤族開始在家上班，曼哈頓島上幾乎所有商業都將感受其效應。思考一下有多少商店、酒吧、餐廳、咖啡館、美甲沙龍格外仰賴這日常人潮獲利。當居家辦公的日子到來時，這些商家將面臨何種結果？

舊金山、紐約、倫敦、巴黎與香港這些都市都可能因居家辦公革命浪潮而全面改變，而這些城市的零售業也將隨著徹底轉型。鑑於全球金融危機以來創造的所有工作機會逾七成來自屈指可數的美國大都會，逆轉這個趨勢將帶來排山倒海的經濟衝擊。[16]

據估計，光是舊金山灣區就有逾八十三萬科技業員工，[17] 而這些人每年平均所得比紐約市金融部門科技人員高出五六％。可以肯定地說，科技業員工是舊金山的經濟引擎。

問題是，如果雇主允許他們在任何地方上班，有幾成的人會考慮離開灣區？最近對四千四百名灣區科技業員工的調查顯示，有六六％的人會搬離灣區，[18] 也就是將近五十五萬人。

為方便討論，我們假設一個遠為保守的數字：約二十萬人（略少於四分之一）離開灣區前往美國各地更負擔得起的城市和郡區。這將形同猶他州失去整個鹽湖城人口。想像一下這對經濟影響會有多大。而我們甚至尚未估算它損害經濟的涓滴效應。根據二〇一〇年一項研究，灣區每個科技業工作足以支撐五個服務業工作。[19] 這意味著，若有近二十五萬科技業員工搬離灣區，將使約百萬服務業工作頓失所依。

美國（尤其是舊金山）並不是唯一思慮無辦公室或辦公室大減長遠效應的地方。諸如巴黎、倫敦、雪梨和東京等城市，也正面臨類似的人口外移問題。哈里斯民調（Harris Poll）二〇二〇年四月對兩千多名美國成年人的研究顯示，近三成美國成年人「某種程度上」會或是「非常可能」會遷出人口密集地區，搬到鄉郊地區。[20]

城市

這當然不意味著城市將終結，但我們對都市的依賴程度可能減輕。正如記者西蒙・庫柏（Simon Kuper）所說，「在雲端視訊會議盛行的經濟現況下，許多人可能棄巴黎而去，用他們第十區兩房公寓換取價格相近的鄉間城堡。然後每週搭 TGV 高鐵去一趟巴黎就夠了。昔日大蕭條時代賤賣巴黎住宅、店面和辦公室的情況料將會重演。」[21]

像巴黎這樣的都市不會很快就消失，但我們可以合理假設，除了白領出走造成財務損失之外，這些城市也將失去吸引人們流連的能量和活力。在疫情結束很長一段時間後，小型特色商店、餐館與服務公司，面臨商圈人潮大量流失，終將逐漸銷聲匿跡。

而隨著愈來愈多學生選擇較低成本的線上學習，波士頓、洛杉磯與柏林等因學生聚集從而蓬勃發展的大學城，每年九月入住人數也將相應明顯減少。這些學生或許只會偶爾進城參與面授課程或社交活動。如此，我們熟悉的城市即使不是永久改變，也可能發生持續很長一段時期的變化。《大西洋月刊》專欄作家德瑞克・湯普森（Derek Thompson）指出：

城市仍將近便，但其便利性將會趨向同質：大批便利商店、銀行分行、快速休閒餐廳和咖啡館……城市居民鄙視連鎖店通常是因它們令人心寒地講求效率、枯燥乏味、了無新意，而這一切在致命病毒如影隨形的時期，卻可能令人覺得是好壞參半的事。[22]

話雖如此，疫情下留得住顧客的依舊是那些同質的國內與國際零售業

▋ 昔日人潮熙來攘往的紐約三十四街在防疫封鎖期間空無一人

者，而它們的做法是結合網購與保持社交距離的購物方式。而且贏家們將帶
著戰利品乘勝追擊，進一步在城市中主宰商機。

即使是曾為各巨型城市命脈的移民，也可能因疫情而嚴重縮減，甚至
在疫情過後，當各國設法解決驚人的失業率與經濟損失問題時，移民更將大
減。

如果說還有一線希望的話，那可能就是城市住宅區與商業區的租金都
幾乎確定會降低。房地產價值長期疲軟可能為這些都市帶來新的精通數位科

技、有草根經商背景的企業家，假以時日他們將恢復城市的本色、獨特性和吸引力。同樣地，高收入的人分散開來將能為還沒享受到科技好處的地方帶來新階段的繁榮與成長。新商家或新創公司可能不再需要像過去十年的先行者那樣，在倫敦、紐約或舊金山證明自己的實力。這個人口向外遷移的過程不僅將重塑都市樣貌，也將使其周邊的郊區轉型。

郊區2.0版

　　從一九九〇年代到二〇〇〇年代初期，嚮往高薪工作與都會生活的年輕人為主的人口從郊區蜂擁到城市。他們不在乎空間大小而熱切地支付過高的房租住進窄仄的公寓。他們以整個城市為後院。繁忙的街道、商店、咖啡館、餐廳和夜店隨時隨地提醒他們終有一日將得償所願。

　　然而新冠肺炎疫情改變了一切。

　　以曼哈頓為例，當地住宅區空房率正節節高升。根據報導，「二〇二〇年七月曼哈頓閒置公寓比六月增加二一・六％，而與前一年七月相比，則增多了一二一％。」[23]《紐約時報》指出，這相當於六萬七千三百戶公寓求租，達到十多年來新高，以至於房租下跌了一〇％。[24]

　　雖然有些人會捨棄紐約和舊金山等沿岸巨型都市，轉往較小型但吸引人的懷俄明州傑克森市、猶他州普若佛市（Provo）或俄亥俄州哥倫布市等地，但更多人可能遷移到距離公司所在城市較近的地點。因為即使是允許員工遠距上班的公司，多數公司仍可能堅持定期召開團隊面對面會議，所以員工有必要住在鄰近公司的地方。因此，年輕人可能像他們的父母和祖父母一樣移居郊區。這類遷徙顯然已經啟動。事實上，早在二〇二〇年八月，彭博社題為〈全美城居人口外移正帶動郊區房市榮景〉的文章即指出：

　　全美各地都出現城市人口移往低密度地區的現象，而在紐約、洛杉磯和舊金山等房價高且擁擠的都市，情況尤其引人注目。曼哈頓七月間獨立產權公寓和共同產權公寓成交案較去年同期減少六成。與此同時，在康乃狄克州西徹斯特郡（Westchester County）和費爾菲爾德郡（Fairfield County）北邊的通勤者聚居區，獨戶住宅成交量則倍增。[25]

白領工作便攜性提高，加上有了更多較低價的居住空間，使得各都市出現七十多年來未曾見過的人口外移潮，以及或為現代史上最大的收入與財富分散趨勢。而且，隨著工作進一步便攜、更少依賴集中化的實體辦公室，教育也將及時跟進。

教育

當今教育市場在許多方面宛如過去二、三十年零售業的鏡像。多數教育事業像零售業一樣，數十年來在各方面多所投資，卻唯獨忽略數位革命。他們無視可使教育更有效率、更具成效且經濟上可行的科技，而把營收、利潤、品牌聲望看得比學生學習成果更重要。他們忘了教育的使命是更廣泛包容和讓更多人受用。許多國家的高等教育變成了教學的龐氏騙局（Ponzi scheme），教育成本不斷攀高，學生與家長財務負擔日益沉重。教育事業四分五裂，光譜的一端是名校，另一端是低檔社區學院，而夾在中間的是缺乏明確地位和價值的學校。教育體系訴諸商品化取向，不講求因材施教和教育品質。而新冠肺炎疫情凸顯出這個體系的脆弱性。正是這些弱點使教育體系招致數世紀以來最大規模的破壞。近期對美國各大學與學院財務體質的研究發現：

• 全美有五百多所學院和大學財務體質脆弱。

- 自二〇〇九年以來將近一千三百六十所學院與大學新生逐年減少。
- 將近三成學校二〇一七到一八年的學費收入少於二〇〇九到一〇年。[26]

這顯示各校根基確實不穩。據《自然》期刊另一項研究指出：

所有教育機構都面臨重大財務問題。而馬里蘭州巴爾的摩市約翰霍普金斯大學這類富裕美國大學下個會計年度預計也將損失數億美元。英國全體大學明年亦將出現至少二十五億英鎊（三十億美元）赤字，原因在於新生人數料將減少。[27]

這將導致學費持續調高，但學校收益仍將快速遞減。昔日普通背景學生不須背負沉重學貸就能獲得良好教育，如今這已成過眼雲煙。舉例來說，美國二〇一九年學貸總額高達一兆五千億美元，[28] 僅略低於南韓年度國內生產毛額。

這些快速調漲的學費都用到哪裡去了？英國近期的研究發現，平均來說，各校學費等收入不到一半用於支應教學成本。錢大多數花在建築物維修、圖書館、資訊科技、行政和行銷。

與此同時，各教育機構成功地使人相信，比起線上教學，面授課程才是首選。然而，作家暨指導教授史考特‧蓋洛威（Scott Galloway）預料轉變即將來臨。他在二〇二〇年五月刊登於《紐約雜誌》的文章指出，

全球各大型科技公司與菁英大學在疫後必然建立夥伴關係，例如MIT@Google、iStanford、 HarvardxFacebook。這些夥伴關係將使各大學提供線上與線下混合教學來招收大批新生，而由於負擔得起又

具有價值，高等教育將從而徹底脫胎換骨。[29]

　　儘管線上學習目前仍屬標準以下的替代方案，但它在不景氣的教育市場的市占率正持續擴大。以美國為例，「二〇一六年秋季到二〇一七年秋季，高等教育整體新生人數減少約九萬人（將近〇・五％），這證實了全國學生資料庫先前公布的數據。而在此之際，至少上一部分線上課程的學生人數總共增加逾三十五萬人（五・七％）。」[30]

　　蓋洛威的重點是，科技巨擘為教育帶來新機會。例如，谷歌在二〇二〇年八月宣布針對熱門職業啟動線上認證課程。相對於通常需要數年完成的傳統大學學程，這項「谷歌職業認證」（Google Career Certificates）計畫的學員能以半年完成線上認證課程。雖然課程費用相關細節不多，但谷歌公司指出，學費只相當於傳統教育成本的一小部分，而且課程精確聚焦於學員追求的職業各面向，能比傳統大學課程帶來更高的就業率。

　　谷歌瞄準的是一個龐大、有利可圖卻服務不足的教育市場，而市場正等待著過時的教育體系革故鼎新。不合時宜的體系把數位學習視為經濟艙等級的備選方案，而著重於商務艙等級的傳統教學，這使得歷代學生在財務上備受束縛。

　　學校並非單純只是傳授知識的地方，它還兼具發現自我、建立友誼和體驗生活等重要功能。加拿大於疫情初期對六百多名十到十七歲學生做的民調顯示，七五％的學生跟得上學習進度，但六〇％學生缺乏學習動機且覺得無趣。當被問到最想念到校上課哪些事情，一半以上答說最思念朋友。其次，一六％的學生對體育課和課外活動念念不忘。然而，只有三六％的學生想要回班上學習。[31]

　　數位時代的教育轉型終究需要各級教育工作者重新思考教育方式與學生。很顯然，我們可採用數位方式傳授知識，其結果也足與當面授課相提並論。而我們還必須提供給遠距學習者有意義的社會結構。工作與教育的轉變不只將重塑人與城市的關係，也將對我們進出都市旅行的方式產生深刻的影響。

運輸

東京優質大眾運輸系統的效率在全球數一數二。那裡的火車與地鐵乾淨又有效能，而且整體來說很準時。然而，在疫情嚴峻之際，東京開始陸續發生一些有趣的事。許多持有駕照的人重新去上駕訓班。

愈來愈多日本都市人口有駕照卻無自用車，而在疫情期間，他們有了買車的需求，於是開始重上駕訓課。沒有人知道確切的人數，但有人相信光是東京市就有數萬人，更何況還有其他城市的居民也有此需求。

全球城居人口對搭乘大眾交通工具心存疑懼，紛紛選擇自己開車。大家究竟有多害怕？根據谷歌二○二○年三月與四月發布的流動報告（Google Mobility Report），芝加哥與舊金山等都市大眾運輸系統使用率驚人地大跌九七％。[32] 這項引人注目的發現顯示，通勤電車受到最嚴重的影響，而且從事便攜性較高的白領工作且較富有的通勤族，更加傾向於捨棄通勤電車。另一方面，華府與洛杉磯等都市的巴士搭乘率較為穩定，維持著大約三分之二的載客量。這個差異的成因在於搭巴士通勤者主要來自收入較低的家戶。換句話說，有能力挑選運輸方式的人顯然做出了其他選擇。

因此，我們可以合理假設，居家辦公加上自己開車的趨勢將使通勤方式改弦易轍。而這可能逆轉美國數十年來自駕人口穩定減少的走向。自駕人口自一九九○年代起驟減的英國也出現了相同現象。就像我們身邊許多事物一樣，當今的運輸系統也是工業時代的產物。工業化社會因應大量人口日常沿著固定路線上班上學的需求建構運輸網，而隨著人口分散至各地、工作與教育逐漸便攜和數位化，加上人們可以不再頻繁地遠距通勤，重新思考運輸的

▌ 在新冠肺炎疫情期間，巴黎地鐵乘客彼此保持社交距離

時機已趨成熟。人們對擠在充滿病毒的地鐵車廂、計程車和火車裡會心懷恐懼嗎？

　　查普曼大學（Chapman University）研究學者暨休士頓智庫都市改革研究所執行主任喬爾・克特金（Joel Kotkin）認為會。據他指出：

　　當二十世紀初大流行病席捲各大城市時，社會的回應方式是降低辦公室空間密度。曼哈頓的人口在一九二〇年有將近二百五十萬人，到了一九七〇年已減少為一百五十萬人。倫敦市中心和巴黎也都經歷了類似過程。當更多人移居外圍地區，都市也就變得更加安全與衛生。[33]

克特金也觀察到，郊區復興有助於更好地分配工作、財富和負擔得起的住宅。據他指出，對郊區的重新思考必須「兼顧到低排放、更多居家辦公、較短距通勤等設計」。這種重新想像勢必要搭配新形態的低成本個人運輸方式，包括在特殊設計的道路上行駛自動車。

　　無論如何，在過渡期間，很可能會出現都市計畫人員所說的著重於「主動運輸」（active transportation）的現象，這包含步行、騎自行車或小型機車。在疫情期間，隨著全球眾多都市實施封城措施，空氣品質獲得備受矚目的改善——許多大城市並尋求解封後至少將其維持在某種程度。米蘭等都市的市政府正致力於把汽車使用率保持在疫情期間的水準，這料將帶來重大改變。市府的做法涉及把近二十二英里街道改成步行或騎行空間。[34] 而紐約等大城市也正思考類似措施。

　　對零售來說，這意味著什麼？讓我們思考一下當今零售與運輸和通勤路線一致的程度。餐廳、加油站、便利商店等為了抓住日常通勤人流的商機，在選址上不惜代價。整個廣告與媒體生態體系的策略也著重於吸引通勤路上的消費者。最好的例子是：從二〇一九年第二季到二〇二〇年第二季，美國全國公共廣播電台（National Public Radio）因通勤上下班聽眾銳減，失去了整整四分之一收聽者。[35] 再檢視一下其他媒體：廣告看板、巴士廣告、數位廣告，也都是瞄準日常通勤人流期望引起注意。如今我們觀察到業界已開始重新思量通勤族。安侯建業聯合會計師事務所（KPMG）一項研究顯示，遠端辦公將使美國乘車通勤人次減少一〇％到二〇％。[36] 加拿大新近的調查也發現，疫情過後有意以任何方式通勤上下班的加拿大人減少了二五％。[37] 對主要仰賴日常上下班人潮的商家來說，有四分之一潛在顧客想要居家辦公，況且這可能成為常態。

　　而將帶來衝擊的不光只是轉變中的地面運輸，我們也必須留意空中運輸。

航空旅行

　　我在二〇一九年總計搭乘一百五十多個航班遊走世界各地。而且過去四年我的飛航旅程幾乎達到一百萬英里。基於工作需要，我與飛機顯得密不可分。在二〇一九年那時，我無法想像不搭飛機能完成工作。

　　而在疫情期間寫作本書時，我發現不論班機座艙等級或飛航時間多長，我在機上都很難覺得自在。過去我習於讓自己忽視的一切——人擠人、大排長龍、機艙內不夠潔淨——如今看來都帶有風險，甚至可能致命。而且不只我這麼想。

　　「這場危機造成的陰影揮之不去。乘客告訴我們，需要時間來恢復昔日旅行習慣。許多航空公司預計搭機需求要到二〇二三年或二四年才能恢復到二〇一九年的水平。」[38] 這是國際航空運輸協會（International Air Transport Association）總幹事亞歷山大・德・朱尼亞克（Alexandre de Juniac）一項業界調查簡報的導言。這項二〇二〇年六月對四千七百名旅客做的調研發現，八三％旅客「有點擔心」或「非常憂慮」感染病毒，六五％疑懼機上身旁的人染疫。令人意外的是，五四％旅客說至少半年不會恢復旅行，此外近二〇％至少一年不再搭機，而兩個月前的調查則是一一％。這揭示出航空旅行業與仰賴它的零售業的未來面臨著重大難題。

航空旅行即商旅

　　據商旅費用管理軟體公司 Certify 指出，每年全球搭機出差的旅次達到近四億四千五百萬趟。全球商務旅行協會（Global Business Travel Association）估計，商旅和會議的總成本約達三千四百五十億美元。[39] 雖然商旅在所有旅行中的占比只有一二％，卻為航空業帶來了高達七五％的利潤。而在疫情期間，商旅幾乎全面停擺。旅客和航空公司紛紛詢問：航空旅行會恢復嗎？將在何時？能復原到什麼程度？

▌對飛機乘客來說，新冠肺炎疫情意味著新禮儀、保護措施和焦慮

　　美國飯店業協會（American Hotel & Lodging Association）總裁暨執行長奇普・羅傑斯（Chip Rogers）相信，到二○二一年五月底，商務旅行將回復至疫情爆發前七○％的水平。[40] 即使如此，首要的問題是航空業（和許多其他產業一樣）如果不大舉刪減成本，在運量只復原七成的情況下將難以獲利。其次，較急迫的問題是，商旅人士的看法與羅傑斯並不一致。國際航空運輸協會近期的調查發現，事實上六六％受訪者將減少商務旅行。相同百分比的人也表示會減少休閒旅遊。

　　雖然疫苗接種無疑能為業界提供某種程度的寬慰，但我無法篤定地說航空旅行將在短時間內恢復穩健（更不用說回復到疫情爆發前的水平）。

　　另一個未知因素是價格問題。在疫情結束後，機票會漲價嗎？看來似乎會。根據空中巴士公司的子公司 Skytra 的資料，二○二○年五月往返歐洲與亞太地區的航班平均票價令人驚訝地上漲了三四％。[41]

這場疫病危機拖延愈久，商旅人士和他們任職的公司愈可能尋求更安全的備選方案。其中之一當然就是召開視訊會議。

視訊會議不但已證實為可行的替代面對面開會方案，更有許多公司主管開始把相關科技視為較優越的溝通方法。有些人指出，不同於總是有人分心（如察看手機）的面對面會議，視訊會議要求更高度的專注和效率。另有人說，視訊會議可為公司省下可觀的差旅費用。國際香精香料公司（International Flavors and Fragrances）執行長去年向《華爾街日報》表示，公司「計畫長期刪減三〇％到五〇％的商務旅行，因為遠距辦公已證明是有效率的方法」。[42]

然而，同時也有人指出視訊會議有種種限制。我經常向客戶做商業簡報，從我使用 Zoom 的第一手經驗，我可以說 Zoom 在疫情期間是理想的工具，但它並非完美的利器。它較大的限制是不能分享動態媒體格式，而且透過它無從像當面會議那樣了解會議氣氛。

雖然如此，我們應了解，視訊會議相關科技多數仍處於研發初期，而往後勢將與時俱進。回想一下一九八〇年代那時令人尷尬的碩大行動電話。如今，我們甚至能把超級電腦放進口袋裡。只要產品有市場就會有人投資，相關科技就能日新月異。因此，如果假設視訊會議兩年後不會有長足進步、仍將受到相同限制，這是難以置信的說法，並不合乎歷史準則。

假如各家公司全面重新考量商務旅行的效率與成本，假期出遊者（仍因新冠肺炎病人在加護病房受苦的模樣餘悸猶存）也對旅遊去處和頻率更加深思熟慮，那麼零售將承受什麼樣的衝擊？

我創辦的零售先知（Retail Prophet）曾在二〇一八年與巴黎一家購買、整修和管理國際機場的公司合作一項專案。我們的任務是全盤重新想像戴高樂機場和巴黎奧利機場的零售區。我們從這個專案迅速學習到，機場零售區的生死存亡取決於兩件事情：奢侈品品牌與免稅店。

對於多數奢侈品品牌，機場零售區是過去十多年來最佳亮點之一。根據疫情爆發前不久的一項研究，全球旅遊零售市場規模「可望於二〇二五年達到一千五百三十七億美元，預測期複合年均成長率（CAGR）為九·六％。」[43]

在全球零售市場成長約五％的情況下，這個數據令人印象深刻。而免稅店這個機場零售的「金童」厥功甚偉。一項報導指出，全球機場免稅店銷售額在二〇一八年增長近九·五％，達到七百六十億美元。[44]

然而，較高的機票價格、更加困難的飛航條件、商旅與休閒旅遊減少、會議與聚會相關科技推陳出新，在在意味著機場零售可能需要好幾年才能恢復到疫情爆發前的鼎盛時期。直到那時為止，奢侈品品牌皇冠上最耀眼的珠寶將暫失光芒。

各式體驗

幽浮一族樂團（Foo Fighters）主唱暨涅槃樂團（Nirvana）前鼓手戴夫·格羅爾（Dave Grohl）曾說，「現場演唱的活力與氣氛不同凡響，當面看著最喜愛的樂手在台上演出，而不是盯著單面向的影像，這是最肯定生命的體驗……我們最摯愛的超級英雄也是活生生的人。」[45] 這番熱情洋溢的稱頌現場演唱會的言詞讓我深有同感。誰沒有至少體驗過一次振奮人心的現場演唱會或現場演說或體育賽事呢？

身為演說家，我對上千人齊聚一堂分享剎那、觀念與歡笑那種不可言喻的感覺有第一手認知。那種體驗既扣人心弦又無與倫比。

而疫情關閉了享受這類體驗的大門。全球的體育館、音樂會場、電影院、飯店舞廳等空無一人，成了相對來說無憂無慮的往日時光的遺跡。

然後，人們的創意開始天馬行空。

　　例如，全球公民組織（Global Citizen）與世界衛生組織合作推出了由百事可樂贊助的「同一個世界：四海聚一家」（One World Together at Home）系列線上演唱會，向疫情應變人員與第一線抗疫人員表達支持。這些以串流形式播出的演唱會吸引約兩千萬名觀眾，並募得近一億三千萬美元善款。參與演出的有許多殿堂級巨星，其中包括滾石合唱團、怪奇比莉、莉佐、珍妮佛‧羅培茲、齊斯‧艾本、艾爾頓‧強、史提夫‧汪達、尚恩‧曼德斯、卡蜜拉‧卡貝羅、女神卡卡、保羅‧麥卡尼、約翰‧傳奇、山姆‧史密斯、席琳‧狄翁和安德烈‧波伽利。找這些藝人同台演出幾乎是不可能的事，且代價極其高昂。然而結合影音串流技術和預錄，就能讓這些分散各地的巨星一同獻唱。

　　串流直播這種破壞式創新將取代現場演唱會等體驗嗎？有些人篤定地認為會。

　　以加拿大幫樂手媒合演出場地的 Side Door 公司為例，它最初著重於現場演唱會，如今則已迅速轉向付費線上音樂會平台。該公司創辦人羅拉‧辛普森（Laura Simpson）說，「我們當下明白這大有可為，於是正式轉向經營平台。在轉變過程中，我們發現絕對能堅守各項價值以及為藝人服務的使命，並能創造可在任何時間和地點線上收看的演出。」[46]

　　StageIt 創辦人馬克‧羅文斯坦（Mark Lowenstein）也呼應辛普森的看法：「我們了解這不只是危機時期的溝通形式，這絕對是不斷發展、有效又可靠的連結樂迷方式。樂迷們將會更頻繁地觀賞線上串流音樂會。」[47]StageIt 早在二〇一一年就開始推出串流音樂會。而人們對現場體驗的重新思考並非僅止於此。

夜店

　　在疫情期間，虛擬夜店蔚然成風，吸引人們付費流連。據《財星》雜誌指出，「在一場名為『隔離俱樂部』的 Zoom 派對上，實體夜店一般供應的一切應有盡有，只差沒有一桶又一桶的香檳。賓客進場費是十美元，若支付八十美元則可在私人派對空間與網紅 DJ 和綜藝秀舞者同歡。」[48]

這只是如雨後春筍的運用 Zoom 等生財工具的虛擬夜店之一。

陳民亮（Min-Liang Tan）共同創辦的雷蛇（Razer）公司是領導業界的遊戲硬體製造商和電競贊助商，在疫情期間，該公司與新加坡經營夜店的 Zouk Group 和串流服務夥伴主辦了多場虛擬銳舞派對。這些派對甚至准許參與者與 DJ 線上聊天和互動。「我相信當疫情過後，人們的行為將會顯著改變，」陳民亮說，「因此，當夜店回復常態營業後，將不會只做線下生意，而將持續提供線上串流服務。」[49]

如果陳民亮的看法無誤，那麼要考慮的就是營收問題了。對於可以現場體驗的活動的虛擬版本，人們會樂意掏腰包嗎？如果問中國消費者，他們將給出響亮的肯定答案。在二〇二〇年二月，大約有二百三十萬人參加北京夜店 Club SIR.TEEN 的線上直播派對。而其他數十家中國夜店舉辦的「雲銳舞」派對也賺進了數百萬人民幣。[50] 對夜店業者來說，疫情使得人們「像迎接千禧年那樣開派對狂歡」（套用傳奇樂手王子的歌詞）。

藝廊

我家餐廳牆上掛著才華洋溢的藝術家布蘭登・麥諾頓（Brendon Mc-Naughton）精彩的現代畫作。麥諾頓就像多數藝術家那樣很傳統地依靠藝廊舉辦作品展。

如今，他除了創作新作品，也成立並管理一家名為虛擬實境藝術之門（Art Gate VR）的公司，讓藝術愛好者與收藏家在自家舒適的沙發上就能觀賞藝展、與藝術家問答。全球各地買家可運用 Oculus 虛擬實境頭戴式裝置，身臨其境般以互動方式瀏覽、檢視和購買藝術品。他們還能用虛擬實境

▋ 虛擬實境藝術之門用戶運用虛擬化身來體驗和購買虛擬畫廊裡世界各地的藝
術家作品

裝置直接與藝術家或藝廊業主對話，並以自然且直覺的方式享受策展人導
覽。這個點子可望重塑藝廊體驗以及藝術產業的經濟成效。

在虛擬世界裡，藝術家可同時在多個藝廊展出同一批原創作品，並省下
運送和布展的種種費用。而且藝術品買家看展也不須支出旅費。簡單說，藝
術家可擴大觸及對象並降低作品展出成本，而買家既能更廣泛看展又可節省
旅資。重點是，疫情為數位世界各式富創意的新活動打開了市場。這些數位
活動可能要一段時間才能取代實體世界的活動，但已能提供可行的新營收模
式，並使體驗製造商大幅擴展觸及對象。

體驗的權衡取捨

至少就短期來說，這類數位替代方案還不可能完全取代親身體驗。但它

們確實提供了體驗上的選擇，以及我們未曾享有的新商業模式。老實說，這種權衡取捨很常見。我們身為消費者隨時都在做划算的選擇。當音樂串流平台登場時，有人很快指出，相對於 CD 或黑膠唱片，串流音樂品質較差。理論上，這說法正確。但他們忽略了一些重點。首先，音樂串流服務不只是技術轉變，它也是全新商業模式。音樂愛好者每月支付固定費用就可無限聆賞串流平台上所有音樂，而不必個別花錢購買一張一張的專輯。其次，串流平台供應海量音樂，而且收聽極便利，這些優點遠比它音質上的缺點來得重要。最後，批評者輕忽了音樂串流將經歷重大且快速的技術進步。換句話說，串流音樂不須達到高傳真品質，就能實際取代黑膠唱片和 CD。它結合了對多數人已經足夠的技術，以及至少對消費者來說更出色的商業模式。

相同地，我們可以合理預期，容易上手、便利、成本不高的串流直播，將吸引不少音樂家、演員、藝術家或像我這樣的領域專家成為用戶。

這個轉變也將成為改變經濟資源配置過程的一個契機。在二〇一九年，由於行程安排的關係，我至少放棄了十多場活動，其中多數是因為我沒辦法從一個地點準時趕赴另一地點。而在疫情期間，我可於同一天裡以串流方式對各不同時區直播多項活動。

我要說的重點不是串流直播（或其他任何科技）將完全取代令人興奮的現場活動，而是它給消費者的選擇絕對具有影響力。我們將自問：真的有必要去體育館、競技場或夜店嗎？是否看串流直播就好？結果未來世界現實生活體驗所需付出的努力、成本與時間，將承載更高的價值期許。而我們過去付出的所有時間、努力與成本真的值得嗎？

老實說，幾乎所有零售業者都沒做到讓消費者值得花時間去購物。人們的購物體驗通常充滿摩擦、失望和挫折。在工業時代，消費者沒什麼選擇，但如今時移勢轉，消費者有了新期望，他們的時間與金錢將給予那些提供明確價值的零售業者。而跟不上時代的業者將銷聲匿跡。

大舉遷移

現代生活分崩離析、工作與教育講求可攜性、人們遁入網路世界、各種體驗被重新想像，這一切正帶領我們離開工業世界，堅定地跨進後數位時代。新冠肺炎疫情不只使未來加速來到，它也是世紀僅見的蟲洞——時間的皺褶——未來將因而徹底改變。當我們急速跨入新時代，諸多傳統品牌和零售業者將被拋在後頭。在優勝劣敗的法則下，它們最終將成為歷史註腳。存活下來的品牌必須全盤重新思考傳統行銷與銷售策略，並調適全新的消費行為模式。當我們脫離危機後最終將發現，疫情不只加速零售發展腳步，更永久地重塑了零售業和消費者。

|第**3**章|
零售業頂級掠食者的崛起

進化是所有生命科學的基本觀念。

——比爾・奈（Bill Nye）

　　講述未來的電影通常把明日世界描繪成黑暗的反烏托邦，少數邪惡的超大型企業無孔不入地主宰著地球上大部分的人類。例如《機器戰警》（*RoboCop*）裡的全方位消費品公司（Omni Consumer Products）、《異形》（*Alien*）中的韋蘭－尤坦尼集團（Weyland-Yutani）或是《銀翼殺手》（*Bladerunner*）裡的泰瑞爾公司（Tyrell Corporation），它們都與世界密不可分且宛如全球超級強權。

　　在我們迅速跨越數位鴻溝的後疫情時期，這類公司將不再只是小說或電影創作者的想像產物。它們將成為現實。對零售業者來說，新冠病毒疫情如同隕石一般衝擊商業世界，它是世紀僅見的攸關存亡的事件，並且改變了零售業的構造成分。結果將是許多業者被徹底滅絕，而其他業者則將緊張忙亂地調適新環境。在後疫情時期混沌不明的危機狀態中，基因突變的零售業新等級掠食者將橫空出世，而且它們將不會有天敵或面臨外來威脅。亞馬遜、阿里巴巴、沃爾瑪、京東集團等頂級掠食者，年度營收總計逾一兆美元，積極顧客人數共約數十億人，對它們來說，沒有地理、時間或類別上的界限。它們的股價即使只是略有波動，獲利或損失金額都可能相當甚至高於大型公司市值。雖然疫情使許多零售業者大限臨頭，但它對業界頂級掠食者卻起到促進新陳代謝的作用。他們經歷這場危機後將更加壯大，並且擁有無與倫比的力量。在某些零售業者失去近八成營收而奄奄一息時，這些零售業巨擘的收益卻令人難以置信。疫情使得它們日益強大，其成長甚至令人目瞪口呆。

亞馬遜

在二○二○年二月四日，亞馬遜加入了市值「一兆美元俱樂部」。[1] 它在當天成為全球市值最高的零售業公司，與蘋果、微軟和字母控股（谷歌母公司）等其他市值逾兆美元企業並駕齊驅。

在全球展開防疫大封鎖初期，英國《衛報》曾報導，亞馬遜的客群「每秒花費一萬一千美元（八千八百四十五英鎊）網購商品與服務」。[2] 這幾乎達到每日十億美元銷售額。事實上，在二○二○年第一季，亞馬遜銷售額增

公司	2019全年（單位：10億美元）	與上年同期相比的成長率
亞馬遜	280.5	20
阿里巴巴	72	36
京東集團	83	23.38
沃爾瑪	524	1.9

▌ 亞馬遜、阿里巴巴、京東集團與沃爾瑪 2019年全年營收成長表

公司	與上年同期相比的成長率
亞馬遜	26.4
阿里巴巴	22
京東集團	20.7
沃爾瑪	74[*]/10[†]

▌ 2020年第一季與上年同期相比的成長率

[*] 只計線上銷售額　[†] 總銷售額

▌曾為亞馬遜專有的Amazon Go無人商店技術如今已提供給其他零售商,這
　凸顯亞馬遜不只是零售業者,同時也是科技公司

加了七百五十億美元。³換句話說,亞馬遜一個季度**增長**的銷售額逼近目標
百貨公司(Target Corporation)二〇一九全年營收。⁴請思考並了解一下
這件事情。

　　當多數商業活動因疫情嚴峻而中斷時,新冠病毒反而成了亞馬遜的火箭
燃料,況且它在二〇一九年業績就已令人驚嘆。據《經濟學人》指出,亞馬
遜在二〇一九年「送交了三十五億件包裹,約相當於全球每兩人一件。該公
司的雲端運算平台亞馬遜網路服務(AWS)在日間能使上億人加入Zoom
會議,於夜間也可使數量相當的人觀賞網飛串流節目。總體來說,它當年營
收達到二千八百億美元。」⁵

　　在疫情期間,美國人每於網路上花費一美元即約有五十美分是被亞馬遜

賺走。[6]有七成不確定自己想要什麼的消費者會上亞馬遜網站搜尋商品。而明確知道自己想要什麼的人近八成是從亞馬遜網站著手找尋。亞馬遜 Prime 付費會員專案已有超過一億一千五百萬會員。[7] Prime 不只是亞馬遜吸引消費者的商業利器，它也使亞馬遜整個平台充滿好處和價值，包括更快速的遞送服務，以及影音串流服務。Prime 會員在亞馬遜的花費甚至達到非會員的二五〇％以上。[8] Prime 也是亞馬遜資料寶庫的核心，它使公司能隨時洞察消費者需求與行為。「在日本，從亞馬遜網站著手找商品的人比其他各地更多，」亞馬遜日本時尚商務部門主管詹姆斯・彼得斯（James Peters）指出。「這使我們獲得寶貴資料，明白如何投其所好。」[9]

換句話說，亞馬遜網站搜尋欄不只是引導消費者找東西的工具，它也是市場調查利器，讓亞馬遜能即時考量應當供應什麼商品或服務。

實際上，只要我們不再把亞馬遜看成零售商，而把它視為資料、科技與創新公司，它令人費解的許多策略行動就顯得意義非凡。以它二〇一七年收購全食超市（Whole Foods）為例，當時業界普遍對此深感不解。為何它堅決地跨足淨利率僅略高於一％的超市零售？[10]

以我之見，答案不在於超市零售的價值，而在於超市零售產生的資料的價值。若想了解我的意思，請到超市去親身體驗。觀察一下推著購物車排隊結帳的人們，看看你能從他們採買的東西洞察到什麼。你能判斷他們是否有寵物或小孩嗎？他們是否注重自己的健康？是否喜愛烹飪？或是偏好只需加熱的冷凍熟食？他們傾向於購買知名品牌商品還是店家自有品牌商品？我們或可從這一切形成洞見。事實上，可能沒有其他類別比超市零售更能揭露消費者個人與家戶訊息。對亞馬遜這樣的公司來說，這類資訊遠比賣東西的蠅頭小利更有價值。這正是亞馬遜足以威脅超市業者生存的原因。

亞馬遜的規模究竟有多龐大？正如作家史考特・蓋洛威所說：

當亞馬遜股價下跌七％時，蒸發的市值約相當於一家波音公司。這就是亞馬遜的現況，它在一個股市交易日的獲利或損失，可能等於波音公司市值。因此當你談論某家公司如何強大時，請記得亞馬遜能在一個股市交易日內贏得或賠掉一家波音公司。[11]

同樣地，亞馬遜光是對某個尚未插旗的產業類別虎視眈眈，就足以造成該類別現有競爭者市值縮水。舉例來說，亞馬遜於二〇一七年宣布將進軍家用產品零售，使得家得寶（Home Depot）、勞氏公司（Lowe's）、百思買（Best Buy）和惠而浦市值一天內共折損一百二十五億美元。

Feedvisor 二〇一九年對兩千位美國成年人的研究顯示，受調者八九％答稱，比起其他電商網站，他們更可能上亞馬遜網站購物。而 Prime 會員偏好亞馬遜的比率更達到九六％。[12]

我不是暗示亞馬遜堅不可摧。它並非固若金湯。亞馬遜曾因管理階層殘酷、倉儲員工工作條件惡劣而聲名狼藉，它也曾有過一些不良紀錄，例如利用供貨者資料削弱市場供應商，甚至過分到訴諸削價競爭和在亞馬遜網站搜尋結果上促銷自家商品，藉此極力打壓競爭對手。

儘管面臨種種挑戰，在絕大多數人擔心疫病、工作安全與社會不安的情況下，傑夫・貝佐斯個人資產淨值於二〇二〇年七月二十日增加了一百三十億美元，約相當於紐西蘭一個年度國內生產毛額。到了二〇二〇年八月底，亞馬遜市值已逼近一兆七千億美元。在七個月裡，它的市值增長了七成。

當疫情廣泛重創零售業，這場風暴卻使亞馬遜水漲船高，進一步成為記者暨作家布萊德・史東（Brad Stone）所稱的「應有盡有的商店」（The Everything Store）。

阿里巴巴集團

在二○二○年十一月十一日中國雙十一光棍節（狂歡購物節），阿里巴巴集團商品零售額衝高到七百四十億美元。這大約相當於德國全民二○一八年所有線上花費。新冠病毒對阿里巴巴簡直是一項恩賜，它使該公司二○二○年三月三十一日公布的銷售額增長了三五％，集團並達成了商品交易總額（GMV）衝破一兆美元的五年目標。[13] 這大約比沙烏地阿拉伯年度國內生產毛額高出逾三○％。[14] 在二○二○年第二季末，阿里巴巴營收躍升三四％，股價大漲八○％，市值衝上八千億美元。阿里巴巴電商平台有近八億活躍顧客，這使得它較不像典型公司，而較像是擁有龐大人口與經濟的主權國家。

阿里巴巴幾乎可說是亞馬遜的鏡像。亞馬遜當前主要收益來自雲端運算服務 AWS。這不表示亞馬遜在零售方面沒賺錢。事實上，在過去兩到三年間，其龐大商品市場的獲利在公司整體利潤所占比例仍有所提升。然而，AWS 依然是亞馬遜最大營收來源。另一方面，阿里巴巴的市場利潤相當可觀，營業利益率（operating margins）約達一八％到一九％，相較之下，亞馬遜營益率僅有個位數。[15] 這有兩個原因。第一個是阿里巴巴不像亞馬遜那樣擁有、儲藏和運送自家產品，它在這些方面完全仰賴第三方。阿里巴巴不持有庫存品，也不經營物流，而是提供軟體平台給第三方商務夥伴，使它們能藉由整合的系統自行管理物流。第二個是，阿里巴巴沒有一個旨在滿足所有顧客需求的一體適用平台。事實上，它有五個主要平台：

- **阿里巴巴**：這是企業對企業平台，它連結多國製造商與全球買家。
- **淘寶**：這是商家對客戶和客戶對客戶平台，設計上類似亞馬遜和 eBay。它也是中國最大線上購物網站，販售逾二十億項商品和服務，從消費品、食物到旅遊行程安排，幾乎應有盡有。此外，淘寶也是探

▍在二〇二〇年十一月十一日光棍節狂歡購物活動期間，阿里巴巴銷售額達到
　創紀錄的七百四十一億美元

索引擎，它使各品牌與主要意見領袖能以串流直播方式向用戶提供直
購機會。此平台還向所有商家提供擴增實境等工具。據阿里巴巴指
出，淘寶用戶平均每天在平台上流連半小時。它是一個免費平台，買
家和賣家都不需支付手續費。淘寶營收來源依靠各品牌投放廣告，畢
竟它們都想提高能見度和搜尋排名。

- **全球速賣通**（AliExpress）：阿里巴巴著眼國際電子商務發展商機，
  於二〇一〇年啟動這個平台。它最初致力使中國國內中小型商家得以
  觸及境外消費者。如今它已擴展到足以媒合國際商家和國外顧客交
  易。這顯然是個有效策略。舉例來說，它目前已成為俄羅斯最受歡迎
  的電商網站。

- **天貓**（Tmall）：它是一個專賣知名品牌真貨的商家對顧客交易平台

——在充斥假貨的中國市場尤其必要。因此，它成了西方品牌進入廣大中國市場的基本管道，目前已有逾五億活躍用戶。

- **天貓奢品**（Tmall Luxury Pavilion）：這是唯有受邀品牌與消費者能使用的平台。它目前提供超過一百五十個高檔奢侈品品牌產品，其中包括路易威登（Louis Vuitton）、香奈兒（Chanel）和古馳（Gucci）。在營運後第一年，天貓奢品顧客每人平均花費達十五萬九千美元。[16]

　　天貓能成功部分出自專注於消費者從數位到實體的系列體驗歷程。天貓歐洲時尚與奢侈品部門主任克莉絲蒂娜・馮達娜（Christina Fontana）指出，顧客體驗可以被連結起來並且相互交織。她以天貓平台上一個時尚品牌來說明：「他們想在北京多個不同地點進行測試，以決定新門市店最佳位址，因此他們打造了優美的實體快閃店，而我們把它 3D 數位化並放上網路。他們想了解，那個街區的人流是否足夠撐起一家旗艦店。」於是該品牌運用自身與阿里巴巴的資訊，找出一些與線上快閃店互動的特定關鍵顧客，然後邀請他們參加實體快閃店開幕典禮，並向數百萬線上購物者廣泛宣傳這項活動。

　　基本上，她描述的是使特定顧客資料發揮槓桿作用的能力，藉此可找出高價值消費者、將他們帶到特定活動地點，然後透過串流直播讓數百萬顧客同時體驗這場活動。而阿里巴巴與品牌夥伴又可從這些線上互動獲得實用資訊。這形成一個媒體、娛樂、顧客互動、資料和洞見的循環生態系統。

商店作為介面

　　關於阿里巴巴這個全球數一數二的線上零售業者，最違反一般人直覺的事情是，它堅信實體商店是「數位轉型」過程不可或缺的一環。阿里巴巴經營的實體零售連鎖店主要有兩個：盒馬鮮生和銀泰百貨，後者是阿里巴巴在二〇一七年收購。

阿里巴巴依據在地市場需求，共營運約二百多家兼顧多種形式的盒馬鮮生，其中包括熟食外賣店 Pick'n Go，通常開在捷運通勤族必經路線。民眾可使用手機的盒馬應用軟體訂餐，然後到智慧型外賣自提櫃掃碼取餐。盒馬鮮生也提供其他多種選擇：

- 盒馬 F2 美食廣場。目標客群是年輕專業人士，通常開在例如上海等城市熙來攘往的商業中心。
- Freshippo Farmers Market。這是現代版生鮮市集，在地消費者可在此大量採購，並讓店家於三十分鐘內送貨到家。主要客群為北京等一線城市外圍對物價較敏感的居民。
- 盒小馬。基本上是較小規模、以鄰里為基礎的盒馬鮮生，多數鎖定中國低端市場。
- Freshippo Station。提供都市住民線上購物和半英里路程內快速到貨服務。

這些盒馬連鎖店家全面與盒馬行動裝置應用程式整合。消費者可使用手機軟體取得店內存貨資訊、訂購配送商品、選擇餐廳訂位和支付費用。

當西方零售業者憂慮購物中心將走向衰亡時，阿里巴巴正重新設計數位時代購物廣場，第一家數位化盒馬購物中心坐落於深圳，它有約六十個租店商戶，分別經營服飾店、餐廳、藥局、百貨業、美容院、兒童遊樂設施等。它們都與盒馬應用軟體結合，提供給消費者數位探索工具、手機結帳與方圓約兩英里內一小時送達等服務。

阿里巴巴於二〇一七年提高實體零售賭注，收購了銀泰百貨，它在三十三個中國城市擁有近六十家連鎖百貨店。銀泰執行長陳曉東指出，銀泰百貨採行阿里巴巴營運策略初期，主要致力於確保一切都連上網路。店內各項商品必須能掃碼支付。系統前端與後端務求全面整合且渾然一體。

他也表示，顧客可透過多種方式在銀泰購物。某些人可能選擇使用銀泰應用程式在當地銀泰門市店採買。如果他們需要協助，也可直接聯繫銀泰銷售助理。而消費者也能使用軟體在線上購物，以免去提購物袋的麻煩。在完成付款後，他們選購的所有商品最快兩小時就會配送到家。

陳曉東說：「過去傳統零售業店家只能單向地對顧客播送訊息，如今在新零售模式下，我們得以與顧客雙向溝通。」

阿里巴巴主管們從商機角度看世界，我從他們的話語獲得鼓舞，同時也某種程度地卸下心防。他們並沒有受到傳統體系或過時典範太大的阻礙。他們的品牌、平台、技術和生態系統，就像黏土那樣具有可塑性，隨時準備模塑符合顧客需求的形式以取悅他們。而這一切購物體驗、系統、技術和商機都順應著新零售的特殊架構。

新零售

「新零售」是阿里巴巴董事長馬雲於二〇一六年創造的名詞，當人們提到它時，西方零售業主管們通常會點點頭，並露出心領神會的表情，彷彿是說：「新零售！我懂！當然了！」然而，事實上，許多人並不了解新零售的確切意思，卻又不願意承認。更糟的可能是，他們想當然地認為，新零售簡單說就是「全通路」（omnichannel）策略布局和執行。我要率先承認，全通路和新零售這兩個概念的差異十分微妙，而這細緻入微的差別也格外深刻。根據作家暨顧問麥可・札克爾（Michael Zakkour）的看法，如果我們混淆這兩種觀念將會導致災難。

我在二〇一八年春天於聖地牙哥就零售業未來發表演說時，認識了札克爾。他當時告訴我，中國電商扮演的角色是零售業未來發展焦點。事實上，他曾寫書闡述這個主題，而且當時正著手另一本有關中國新零售模式的書。書中說明何以中國正發生的事是西方品牌理當了解的關鍵要務。

經由我們當天的互動，我充分地了解他對零售瞭如指掌。是的，札克爾曾在湯普金斯國際公司（Tompkins International）領導中國與亞太地區數位化及客服部門近十年，此期間並主管跨地區客戶數位轉型業務。他目前經營自己創立的 5 New Digital 公司，幫助各家企業實踐新零售各項原則。

我們持續相互聯繫，當他的新書《新零售：源自中國、進軍全球》（*New Retail: Born in China Going Global*，暫譯）在二〇一九年七月上市後，他寄了一本送我。此後，我數度就此主題與他進行訪談對話。

札克爾說，在新冠肺炎疫情爆發前，西方品牌對亞洲市場正發生的事意興闌珊。而受到疫情衝擊後，它們第一手見證中國零售業迅速復甦，並紛紛尋求札克爾指點迷津。

那麼，在疫情期間，為何中國零售業者服務顧客的能力遠勝過西方同業？據札克爾指出，理由很單純：「因為超市零售形同中國電商一切行動的先鋒部隊。」這聽起來與亞馬遜進軍超市的策略奇妙地相似，而兩者絕非巧合。我們稍後再來談這件事。

新零售是什麼？

札克爾說：「我們正從通路與電商的世界走向生態系統和棲地的世界。」這些生態系統與棲地是全盤重新思考零售業如何與顧客互動的產物。札克爾指出，要了解新零售與全通路的差異，最好的方式是認清在全通路世界裡，公司以**自身**為中心，提供給顧客各式**互動管道**。全通路單純意味著把各種通路交織在一起，使它們更加一致、相容和天衣無縫。而問題在於它是以公司為核心。至於新零售則是把**顧客**放在**生態系統**中心，使他們與具備多種形式、體驗和平台的系統全然融合為一體。生態系統本身基本上有許多讓顧客購物、娛樂、建立社交網絡和支付的棲地。這個生態系統著重於提供顧客便利和客製化服務，並接納來自顧客的回饋與互動；回饋循環能促使顧客提供重大訊息給品牌，而品牌把這些不可或缺的資訊善用於價值主張，可為顧客增添更多價值。

以阿里巴巴的生態系統為例，它包含多個札克爾所稱的「棲地」：淘寶、天貓、天貓奢品、螞蟻集團（阿里巴巴旗下金融服務公司）等。顧客可在任何棲地裡活動，並能借助科技輕易地在這些棲地間穿梭自如。札克爾說，新零售各品牌甚至不去考慮通路，而主張「我們在單一生態系統內建構大量棲地，它們彼此經由軟體、促銷活動、科技、資料科學全面相互連結。我們不必在意顧客於旅程中從何處進入這個生態系統。因為系統中分別存有上百個入口閘道和出口閘道」。

札克爾說，阿里巴巴是最佳範例，因為他們建立了世界上最穩健的系統。「看看天貓、天貓國際、淘寶、盒馬鮮生和銀泰百貨，它們全都絕對百分百與資料科學系統相連。」他指出，這個系統使阿里巴巴擁有超過五十個接收點（包括實體店），它們會把顧客資料即時傳送給阿里巴巴。「顧客仰賴這個全然沉浸式的、幾乎超然世外的系統，並把它當成生活的作業系統。」

札克爾表示，了解新零售要從其關鍵結構面向和「新動力來源」著手。一家品牌一旦啟動新動力來源，新零售即可能應運而生，「一體化商業」（Unified Commerce）模式可望成形。他說：

• **新商業**意味顧客得以多種不同方式與各品牌和線上其他顧客密切互動。這包括線上對線下、線下對線上、企業對客戶、顧客對顧客和企業對企業雙向互動。

- **新媒體和娛樂**涵蓋串流體驗、擴增實境或虛擬實境、現實世界各種活動、電玩和社交購物。
- **新物流與供應鏈**使先進科技與物流系統發揮槓桿作用，好經由供應鏈與最後一哩配送服務迅速遞交貨品。它的所有決策都是基於資訊，並且知會整個價值鏈的利害關係人。
- **新數位、金融與資訊科技**提供系統、平台與服務，以協助消費者和店家取得所需支援、財務管理和資訊。

那麼，當這一切融合為一體將是何等光景？我們可以從阿里巴巴影業製作、發行的電影《三生三世十里桃花》一窺其面貌。它始於一齣在阿里巴巴旗下優酷（Youku）影音網站播放的電視連續劇（中文名稱相同，英文題為Eternal Love），因該劇大受歡迎而於二〇一七年拍成電影。電影資金來自阿里巴巴群眾募資（眾籌）平台娛樂寶（Yulebao），並透過阿里巴巴影業旗下網路平台淘票票（Taopiaopiao）售票。相關行銷並使天貓售出逾三億人民幣（約四千四百萬美元）商品。[17] 靈活運用娛樂生態系統以推動商業，正是阿里巴巴與顧客密切互動的核心關鍵。它不是單純地做廣告，而是創造互動、可分享且可促進購物的媒體體驗。

另外值得一提的是，如果我是在不到十年前寫成本書，我會告訴各位，亞洲零售商大體上是向西方創新方法取經，並將其移植到東方世界。好吧，時移勢轉，如今的局面是亞馬遜、沃爾瑪等西方零售商紛紛採行新零售模式。確實，亞馬遜最近進軍奢侈品零售就是直接效法天貓奢品。

正如札克爾的觀察，所有試圖與阿里巴巴一較高下的品牌可行的策略選項將實質縮減，「他們將須使各項工具、基礎設施和觸及巨型市場顧客的管道發揮槓桿作用。」此外，「他們理當創造自己的迷你生態系統。」

京東集團

大流行病疫情扼殺商業，同時也催生新商業，其中之一就是京東。劉強東創辦於一九九八年的京東最初是小型電子產品零售商，在北京中關村有一家四十五平方英尺的實體店。而直到二〇〇三年 SARS 疫情爆發後，劉強東才察覺到網際網路販售產品的商機，當時他關閉了實體店，並於二〇〇四年轉型成為純粹的線上零售商。

京東於是迅速成長，到了二〇〇七年它已建構精緻又完善的供應鏈，並控制了往下到最後一哩運送的產品配銷各流程。再過一年，京東開始擴大業務，納入日用商品。在二〇一〇年，京東啟用線上市集平台，販售的產品呈現指數型增長。

▎京東集團運用自動送貨機器人從而成為全球頂尖的物流公司

　　而二〇一四年京東與騰訊締結夥伴關係更改變了遊戲規則。騰訊常被稱為中國的臉書，它不但擁有京東一八％股份，更給予京東獨占微信平台的權利。微信基本上是數位瑞士刀，能讓使用者做一切事情，包括手機傳訊、叫車、社交以及從事商業活動，並有許多第三方小程式提供多種服務。這個夥伴關係使京東得以觸及微信超過十億的用戶。

　　除了騰訊與京東結為夥伴。沃爾瑪也對入夥京東集團躍躍欲試。沃爾瑪於二〇一六年六月放棄在中國失利的電商風險投資，把線上零售事業售予京東，換得京東五‧八％股份。同年十月，沃爾瑪持有的京東股份更增加到一〇‧八％。

　　在二〇一五到二〇一八年間，京東平均成長率令人驚嘆連連，按固定匯率貨幣基礎計算（on a constant currency basis）達到四一‧五％。[18] 如今京東在中國電商市場市占率近三〇％，僅次於阿里巴巴（約五〇％）。[19]

　　阿里巴巴沒有自營倉儲，而京東則擁有可能是全中國（甚至全世界）最廣大且最具效率的物流網。許多人問說京東為何能在幅員遼闊的中國做到幾乎涵蓋全境的一日到貨服務。實際上，京東所需時間是二‧七天。

　　原因何在？京東研究發現，每當特定地區顧客點擊瀏覽特定貨品次數激增，可以預測此商品在該市場會有相應的大批訂單。而平均來說，大批訂單會在點閱激增後二‧七天內湧現。京東也注意到，訂單數量通常約相當於激增的點閱次數一〇％。換句話說，假如特定貨品點閱次數增加一千次，該商品在二‧七天後會累增一百份訂單。京東因此判斷，消費者就此商品做更多探索或衡量其他選項平均需要二‧七天。

　　於是京東重新設計物流系統以監測點擊激增現象。當系統測到點擊激增、訂單將相應增多時，即在二‧七天內調貨到需求增加的市場，使其更鄰近最終將下單購買的消費者。如此，顧客即可在下單後一天內收到貨品。

　　像這樣深度的資料科學與物流作業是京東聲譽鵲起的原因，它造就京東成為全球數一數二的卓越物流公司。

沃爾瑪

在二〇一五年春末，我獲邀前往阿肯色州本頓維市沃爾瑪總部，為該公司全球主管團隊進行兩場簡報。在那一年，亞馬遜市值首度超越了沃爾瑪。這使得沃爾瑪上上下下莫不憂心忡忡。而公司銷售額當年也出現警訊。事實上，自沃爾瑪股票公開上市以來，二〇一五年首度出現銷售額衰退。對此前持續成長的公司來說，這是驚天動地的大事。

我在當天直率地向沃爾瑪主管團隊表明事態緊急。我告訴他們，沃爾瑪在進化過程中犯了一個重大且可能致命的錯誤：當公司理當強化數位核心能力並開創線上市場時，卻把資金投注於建造超級購物中心。我指出，假如沃爾瑪能適時投資打造線上市場，就不會像當下這樣因亞馬遜而如坐針氈。

而如果沃爾瑪不立即著手展開重大路線修正，推出頂級數位商業平台並搭配更優質店內購物體驗，難免遭到亞馬遜蠶食鯨吞。我向沃爾瑪主管們表明，不論他們喜不喜歡，顧客正大批轉往數位世界購物，而沃爾瑪若不能領導這股潮流，或將全盤皆輸。我當天傳達的訊息基本上就是不思變革只能坐以待斃。

後來我從沃爾瑪核心人士獲知兩件事情。第一件是沃爾瑪公司內部爆發了新舊兩派文化戰爭。某些元老強烈相信唯有堅持既有路線、續推超級購物中心，公司才能善始善終。他們滿心認為，不能捨棄老路，且應在這個基礎上加倍努力。而另一方面，新派主管們主張，銷售數位化才是救亡圖存之道，他們期望公司大手筆投資，打造能夠航向未來的新旗艦。

不論是因為我當天傳達的訊息或是受到其他因素影響，沃爾瑪走上了轉變的道路。它清楚認知到自身在日新月異的零售市場愈來愈不合時宜。於是它當機立斷，積極推動變革。

▎自二〇一五年以來，沃爾瑪建立了電商核心能力，在業界的實力不容小覷

　　沃爾瑪於二〇一六年以三十三億美元收購電商公司 Jet.com，並把 Jet.com 創辦人馬克‧洛爾（Marc Lore）引進沃爾瑪，協助沃爾瑪把 Jet.com 核心能力納入公司架構。到了二〇一七年，媒體開始更頻繁地使用「轉向」（turnaround）這個措詞來報導沃爾瑪。一則新聞指出：

> 如果曾有人對沃爾瑪轉向能否成功抱持任何疑問，這個零售業巨擘已完全消除他們的疑慮。它在二〇一七年十月十日投資人大會上發布了來年年度指南，矢言二〇一九會計年度每股稅後盈餘將成長五％，這將是該公司四年來首見的每股稅後盈餘成長。[20]

　　在收購 Jet.com 三年後，沃爾瑪股價揚升了五三％，相較之下，標準普爾五百指數當時上漲三八％。[21]

　　儘管如此，沃爾瑪也像其他許多零售商一樣，第一手經歷了轉營電商後的盈虧挑戰。在二〇一九年，沃爾瑪電商銷售額為二百一十億美元，虧損達十億美元。[22] 雖然這可能相當令人震驚，但我們應當看清其脈絡。新冠肺炎疫情爆發前，沃爾瑪在美國電商市場市占率不到五％，遙遙落後於亞馬遜近五成的市占率，然而沃爾瑪的成就仍不容小覷，畢竟四年前它在電商方面根本微不足道。在此脈絡下，沃爾瑪必須衝出龐大銷售額，才能分攤電商系統與物流基礎設施的巨額固定成本，提升盈利能力。我們可以合理假設，當沃爾瑪電商營收進一步成長，其利潤將在某個時間點跟著增長。而當下可能就是沃爾瑪電商事業的轉捩點。

在二〇二〇年第一季，沃爾瑪電商銷售額與前一年同期相比驚人地躍升了七四％。[23] 該公司估計，全年電商營收可望達到四百一十億美元，比前一年高出四四％，這將使它取代 eBay，成為僅次於亞馬遜的電商亞軍。[24]

沃爾瑪在疫情期間已被認定為「基本的」零售業電商，而它的實體店營收也氣勢非凡，二〇二〇年第一季銷售額比前一年同期增長了一〇％。五年前臨淵而立的沃爾瑪，如今已全然邁入令人瞠目結舌的進化新階段。

|第 4 章|
更大的獵物

信心像條龍，每砍掉一個頭，就會長回兩個。

——克里斯・傑米（Criss Jami）

不過，演化是把雙面刃。儘管從上往下看，這條食物鏈值得攀爬，但要留在最高處，頂級掠食者就得尋找更新、更營養的食物來源。一邊有只想躺著賺的投資人，另一邊有迅速提升能力的零售業，這些巨獸將需要新的方法來維繫霸業，以及投資人必然需要的獲利。

儘管在既有商業模式的範圍內，透過新興平台、方案和市場進入策略，每一方都有成長空間，但這些模式都無法讓巨獸攝取到持續成長所需的那種熱量。

這些頂級掠食者品牌面臨的未來，將會使他們發展至今的創新與成長相形見絀。

用完即丟的勞動力

二〇二〇年五月，亞馬遜創辦人傑夫・貝佐斯發表驚人聲明。他說，該公司將投入約四十億美元的資金，在新冠肺炎疫情期間幫它的供應鏈「注射疫苗」。[1]貝佐斯對此闡述的願景包括偵測發燒員工的紅外線熱像儀、個人防護裝備，到更全面的篩檢。有些人讚頌這是有遠見、顛覆傳統、勇敢無畏的抱負。

但事情未必像表面看起來那麼明確，而我相信亞馬遜就是這樣的例子。我這麼說是因為不過幾個月前，亞馬遜才發生克利斯蒂安‧史莫斯（Christian Smalls）事件。史莫斯是亞馬遜在紐約史泰登島的倉儲員工。眼見倉庫裡有嚴重的健康風險與安全顧慮，他心生不滿，遂發動一場罷工來抗議工作環境、請求更周延的安全防護，結果被公司開除。不久有人揭露，高階主管──包括公司律師和貝佐斯本人──是有策略、有計畫地透過質疑史莫斯的智力和表達能力來敗壞他的名聲，於是其他倉儲及公司員工開始表示憂慮。這導致另三名員工遭到解雇，包括一名倉儲人員和兩名公司職員。

我隨即針對此事寫了文章。就在那時，一名亞馬遜代表出面指出，該公司開除史莫斯是因為他「違反社交距離規定，使他人暴露於危險之中」。[2]

史莫斯解雇案究竟是否具正當性，我留給你自己判斷，但我們確實知道的是，史莫斯事件絕非亞馬遜倉儲工作環境堪虞的第一起案例。事實上，該公司一直以不改善嚴苛工作環境著稱。例如二〇一九年，在該公司奉為神聖的年度盛事「會員日」（Prime Day）期間，明尼亞波利斯的倉儲工人就曾發動罷工來抗議他們所謂不人道的工作環境。在此同時，亞馬遜也有長達數十年以激烈手段趕走工會活動的紀錄。[3]

所以當我聽到貝佐斯說要幫他的供應鏈打疫苗時，我不由得揣測，除了提供防護裝備和紅外線測溫儀，他真正的意思是要排除那一種會害所有供應鏈無效、中斷的東西：人類。人會生病。人會犯錯。人有家人，想跟家人共度時光。最重要的是，人期望被人道對待。人很脆弱，容易受傷，會妨害這些大公司維持他們一心一意追求的非凡營業額增長。在二〇一七年的電影

《銀翼殺手2049》（*Blade Runner 2049*）中，由傑瑞德·雷托（Jared Leto）飾演的科學家尼安德·華勒斯（Niander Wallace）說：「文明的每一次跳躍，都是立基於一種可拋棄的勞動力。」

自古以來，人類的前進都是以無數可消耗勞工的血、淚、汗為燃料。埃及大金字塔是眾多貧窮農民打造。紐約市聳入雲霄的摩天大樓是穩定流入的歐洲移民興建，光是帝國大廈工程就死了十多人。今天，孟加拉成衣工廠員工（大都為女性）每小時只能賺美金三毛三。[4] 從一開始，可消耗的勞動力就是資本主義的黑暗基石。

零售業也不例外。過去四十年，全球零售店皆仰賴可消耗勞動力——其中許多具有高中學歷，工資卻少得可憐、身處弱勢、且常被指派吃力不討好甚至危機四伏的工作。女性從事低薪零售的比例尤其高，從事管理與高階職務的人數則遠遠不足。

多數時候，顧客傾向對零售工作者的困境視而不見，但新冠肺炎改變了他們的態度。這個令人不自在的現實——社會最低薪工作者正冒著自己及家人的生命危險幫我們揀貨、包裝網購物品，讓**我們**安全購物，自己卻站在貧窮門檻搖搖欲墜——凸顯出零售工作者的處境。

對此，有些零售業者盛讚前線員工是「英雄」、幫他們加薪、承認公司能運作到何種程度，取決於這些員工每天的出勤狀況。但隨著民眾和工會監督的熱潮消退，這批零售業者之中，已有許多一邊公布營業額和獲利迭創新高，一邊默默取消額外津貼。沒什麼比不再發給危險加給更能表示「謝謝你讓我們免於破產」了。這讓美國食品與商業工人聯合工會（United Food & Commercial Workers）一名代表不禁感慨：「在我看來，只要我們還戴手套，只要我們還戴口罩和保持社交距離，我們顯然就還是在危險環境裡工作……在這個節骨眼廢除危險加給明顯不公平。」[5]

消費者和政府的後座力來得又快又猛，惹出麻煩的公司立刻被輿論圍剩。二○二○年四月晨間諮詢公司（Morning Consult）一項研究確認了原因。在疫情背景下，九○％的消費者表示自己覺得品牌善待員工很重要，且令人驚訝地將這點評為和商品有現貨一般重要。近五○％消費者指出，公司如何對待員工是他們考慮是否購買的五大因素之一。[6]

因此新冠肺炎已將零售業者推到懸崖邊，不得不注意待人之道。要嘛支付員工足夠維持生活的工資，不然就得找新的「可拋棄的勞動力」。

那種新的勞動力將由機器人組成。

事實上，零售商和機器人有段分分合合的戀情。有時純粹是成本考量。機器人在零售環境中的成本效益率，一直要到前一陣子才比較確定。以往，機器人向來是要價昂貴且能力有限的技術裝置。

另一個或許更迫切的阻礙是民眾的觀念。機器人顯然是人類雇用的威脅。例如二○一七年皮尤研究中心一項研究發現，七三％的美國人有點擔心或非常擔心：機器人和電腦或許有能力接手目前由人類進行的工作。[7]另外，多數受訪者相信，在機器人取代人類工作者的世界，諸如經濟不平等等負面影響會變得更糟。因此，由於擔心自己的員工和顧客反彈，零售業者向來不願全面公開測試機器人。

儘管面臨這些挑戰，前疫情時代零售業的機器人市場仍迅速成長。對於其市場規模的估計持續增高。例如羅蘭貝格（Roland Berger）管理諮詢公司就估計到二○二五年，零售業機器人的全球市場會成長到市值五百二十億美元，[8]複合年均成長率接近一一％。

來到後疫情時代，這就是個已開足馬力、全速發展的市場了。二○二○年世界經濟論壇一項研究發現，每五位高階主管就有四位正在「加速推動工作數位化和應用新技術的計畫」，終結自二○○八到二○○九年金融危機以來的就業成長。那份報告進一步提出，到二○二五年，中小企業將有八千五百萬份工作憑空蒸發，被科技取代。[9]

人工智慧進展、運算能力提升，以及成本銳減，都是促成機器人崛起的因素。例如沃爾瑪從二〇一九年開始在新罕布夏的薩林（Salem）超級中心測試一套機器人揀貨系統。這套名為 Alphabot 的系統每小時可揀選及包裝八百件商品，[10] 是人類生產率的十倍，而且整個過程都在後台，即店面的倉儲區進行，不會造成銷售樓面擁擠或混亂。

另外，沃爾瑪在它幾間最大的店面已部署超過一千五百部機器人。許多最乏味的工作，從掃地機器人到庫存掃描儀，現在都交給一批永遠不會要求加薪、永遠不會生病、永遠不會停下來不工作的勞動力。倉庫紛紛裝上攝影機；人工智慧和能卸貨、排序的自動卸貨裝置（fast unloader）正逐漸變成標準配備。對於和這批新勞動力一起工作的員工來說，有時很難分辨到底誰在為誰工作。正如《華盛頓郵報》指出：

> 那又為已經有些勞工表示可能覺得有損尊嚴的工作蒙上一層不快。有人打趣說，離職，或被解雇，就像「晉升為顧客」一樣。現在他們發現自己處在很不舒服的位置：不僅要訓練那些可能取代他們的東西，每次有哪裡故障，也要負責照顧它們。[11]

同樣眾所皆知的是，亞馬遜的營運正面臨兩大挑戰：一、要以愈來愈快的速度讓貨品進出物流中心；二、配送貨品，這或許是亞馬遜所面對最容易耗損獲利能力的環節。

《財星》雜誌編輯及作家布萊恩・杜曼（Brian Du-maine）指出：

> 貝佐斯放眼的未來，包裹將由自駕貨車運送，再交給小型自走車（bot）穿梭社區或無人機嗡嗡嗡送到目的地。它們不會停擺，因為機器人不會得流感。當那一天來臨——貝佐斯下了數十億美元賭它

會來——你可以想像我們的機器人同志會把舉凡從「未來肉」到燕麥奶等一切物品送給數千萬被隔離檢疫的民眾。儘管幫助受折磨的人是崇高的理想，那可不是貝佐斯擁抱這種技術的原因。亞馬遜和其他零售業者的挑戰是，運送食品和其他商品會花掉公司一大筆財富。[12]

「一大筆財富」一詞並未誇大。例如在二〇一八年，亞馬遜光是在把訂貨運給顧客這件事就花了近兩百七十億美元。[13] 而那個成本大約四〇％可歸於運貨司機的工資。那讓司機成為眼中釘。二〇二〇年，亞馬遜表明要解決這個議題，以十三億美元收購自駕運輸公司 Zoox，[14] 並透露成立自動計程車公司的計畫。毋庸置疑，這樣的投資就是想引進自動駕駛車輛來大幅降低亞馬遜「最後一哩」的運費。

說起來，新冠肺炎疫情為這些公司提供完美的基本理由來更深入地探究機器人和其他自動技術。二〇二〇年二月，病毒仍在武漢肆虐之際，京東購物商城就開始使用它的「第四代」自動物流機器人來送貨進醫院。「第四代」代表一種高度精密複雜性：只要是在特定有「地理圍欄」的區域內，這種機器人完全不需人力介入操作。

這當然不是京東商城首次展現納入自動車輛的渴望。根據一篇報導，中國自駕車製造商 Neelix Technologies 造出一部自駕物流車，在封城期間空蕩蕩的中國馬路上行駛。報導繼續說：「阿里巴巴和京東等網路零售業龍頭……已訂購兩百部這種迷你機器車輛。」[15] 但這種無駕駛送貨方面的創新不限於中國。字母控股公司旗下的威莫（Waymo）已經建立一支由十三部自駕卡車組成的貨運車隊，目前正在德州的州際公路系統進行道路測試。

放眼未來，機器人應用最普遍的領域非雜貨零售業莫屬。例如在前疫情時代的美國，只有三％的雜貨支出是在網路交易。[16] 疫情期間，數字已增至一五％。據疫情前的估計，網路銷售要到二〇二五年才會達到二〇％，[17] 現在看來那估得保守了，上網購物的顧客正呈指數型成長。才到二〇二〇年六月，美國網路購物就已增至前疫情時代的六倍。[18]

因此，我們可以合理假設，要維繫如此非比尋常的銷售和配送增長，亞馬遜在物流和配送方面必須運用同樣非比尋常的措施與創新。

說句公道話，對於人類勞動力所造成的脆弱和無效率，亞馬遜不是唯一一個力求減輕的頂級掠食者。為控制成本和提高生產力，所有頂級掠食者都必須想方設法，盡可能把人類拉出方程式。

頂級掠食者能就此獲得的財務效益，值得他們忍受一點點公然的輕蔑。二〇一八年麥肯錫公司一項研究顯示，光是自駕送貨到府，就能讓零售業者大砍一〇％到四〇％的城市運輸成本。[19] 而對亞馬遜來說，這代表每年可以省下超過一百億美元。

機器人勞動力不是科幻小說，而是科學事實了。我們已開啟新的紀元，史上第一次，可拋棄的勞動力不再是由人類構成。這是好是壞，仍有待時間證明。

新的數位領域

這可能跌破大家眼鏡：疫情期間，亞馬遜其實是**失去**了電子商務市場的市占率。理由很簡單。其他零售業者終於整裝進軍網路。在相當短的時間裡，每個地方的公司都恍然大悟：如果你無法順暢地在網路銷售，就賣不出東西。就是這樣。於是，整個產業都加速發展本身網路銷售及出貨能力，大幅縮小與亞馬遜的差距。

問題在於，許多零售業者趕上的是已滿二十五歲的電子商務慣例。亞馬遜、阿里巴巴、京東、沃爾瑪現階段的運作，全都沿用一套已問世四分之一世紀的電子商務格式。

因此，就像這些品牌都已用自己獨特的方式重新塑造了現代零售概念，可以期待他們透過重新塑造我們線上購物的方式重演歷史。不出十年，我們現今用來線上購物的系統和介面都將過時，像西爾斯百貨（Sears）的型錄一樣懷舊了。

向網格說再見

二〇一八年，一支創投基金團隊找上我，問我有沒有興趣和他們其中一間新創公司的創辦人聊聊。這種來自創投業者的請求並不罕見，通常只是一種壓力測試：把創辦人帶到業界人士面前評估反應、蒐集資訊、讓潛在客戶認識認識。那多半不會有任何進展，但不知怎麼地，這一回激起我的興趣。

這家公司名叫Obsess，自稱是一種全新網路購物體驗的先驅。幾天後，我和創辦人內哈・辛格（Neha Singh）通了電話。她畢業自麻省理工學院計算機科學系，曾於谷歌擔任軟體工程師五年。儘管有科技教育背景，她承認自己向來熱愛時裝設計，所以開始利用空閒時間修習紐約流行設計學院（Fashion Institute of Technology）的課程。她對科技和時裝的興趣最終匯聚在一起：她為一家時尚業的新創公司負責打造精品電商平台。

在後來的面談中，辛格跟我分享，透過這次工作經驗，她深刻體會：「電子商務的前端介面其實沒什麼變。亞馬遜二十五年前創造了這個原本用來賣書的介面，而今天所有電商平台，雖然在後端上有諸多創新，但前端仍大致相同。」[20]

辛格說，同樣的標準網格（grid）介面，是幾乎每個零售品牌的起點。另外，對於想擺脫那種模式的品牌來說，研發成本通常其高無比。

這些早期的觀察在辛格進《時尚》（Vogue）任職，並於該雜誌創立數位平台、與各品牌有更密切的合作後獲得進一步證實。她親眼見到多數品牌在網站體驗或手機應用程式上簡直如出一轍。

▌Obsess虛擬商店的一例，讓顧客能以更自然、更符合直覺的方式逛店面、找商品

　　然後，一件使辛格改觀，也改變她日後工作方針的事情發生了。「我在某個時候試戴了虛擬實境的頭戴式裝置，」她說：「早期的 Oculus DK2 版本，而我的感覺就像：『這就是我想要的購物方式啊。對，未來就是這樣。』」[21]

　　辛格就是從那時開始和她的公司 Obsess 聯手營造那樣的未來。Obsess 與各大品牌合作打造身歷其境的網路購物經驗。不同於傳統品牌或商場網站傾向使用典型的網格格式，辛格及其團隊創造出的網路環境可以採取任何你想像得到的形式。使用 Obsess，顧客可用行動裝置和桌上型電腦的瀏覽器邀遊這些虛擬空間，並可選擇要體驗較傳統或完全脫離傳統的店面環境。Obsess 合作的一個品牌讓購物者置身於奇異的環境：遙遠的行星、沙漠、未來派的城市，甚至全部在水面下。唯一的限制，辛格說，是客戶的想像力。她告訴我，在疫情爆發前，湯米・席爾菲格（Tommy Hilfiger）、猶他彩妝（Ulta Beauty）和克里斯汀・迪奧（Christian Dior）等品牌很早就感興趣，但疫情一襲擊，她的手機就亮個不停，洽詢的郵件和訊息比二〇一九年同期多三〇〇％。[22]

　　但那有用嗎？據辛格的說法，早期徵兆是肯定的，各品牌都看到那些最神聖的數位商務指標有可觀的提升：瀏覽時間、轉換率（conversion rate）及平均下單金額等。辛格說，這些全都顯著增加了。

　　Obsess 和像它這樣的平台提供數種潛在的效益。首先，它們為線上購物增添了不牽涉「檢索詞」和「靜態產品頁」的發現元素。購物者可以名副其實地移動，穿越空間，沿途邂逅商品和媒體體驗。其次，這樣的平台可以開啟社交購物（shopping socially）的可能性，例如結交有同樣經驗的朋友。

　　辛格還提出另一種有趣的可能性。要是最終，我們購買的許多實際的「商品」是虛擬的，情況會是如何？比方說，如果我們有更多工作和社交生活在網路度過，那麼能否想像，我們也可以開始買虛擬的服裝和飾品了？比如虛擬的雅詩蘭黛化妝品或虛擬的香奈兒眼鏡來搭配你的虛擬普拉達（Prada）夾克？不必等送貨的門鈴聲，你可以下載你的新商品，在虛擬實境上穿戴！

　　因此，如果我們正跨入一個虛擬商品可以取代實質商品的世界，網路體驗是否可能開始取代社交價值，以及現實生活經驗身歷其境的本質呢？我們是否可能更喜歡沒有摩擦，沒有庫存問題、服務問題和擁擠人潮的網路世界呢？換句話說，虛擬商店是否很快就會取代實體店面的需求呢？從配銷的觀點來看，毫無疑問。從體驗的角度，也沒有什麼不可能。

　　最有趣的一點或許是，當你查閱已押注 Obsess 的創投資金名單，你會看到「地球村」（Village Global）基金，其投資者包括比爾‧蓋茲（Bill Gates）、馬克‧祖克柏，還有，你應該猜到了，傑夫‧貝佐斯。

　　說到傑夫‧貝佐斯，如果以為亞馬遜會以靜制動、眼睜睜看著全球零售業迎頭趕上，那就太天真了。它不會坐以待斃。正如二十五年前亞馬遜成為網路購物經驗的全球參考基準，我相信貝佐斯團隊明白此時此刻，正是再次提高標準的時機。

可購物的媒體

影片和音樂平台，以及廣告媒體營收，都為頂級零售業者提供持續成長與擴張的絕佳機會。阿里巴巴和亞馬遜在媒體領域都耕耘得相當成功。二〇一九年，阿里巴巴資助二十三部電影拍攝，合計共占同一年中國票房總收入的二〇％。[23]

但阿里巴巴媒體部門真正厲害的是它善於整合媒體和商業。例如二〇一七年，中國「光棍節」購物日前夕，阿里巴巴推出「秀後即買」（See Now Buy Now）——現場轉播、可購物的時裝秀，一批一線名人和一系列知名品牌共襄盛舉。就是這種對科技的敏銳與融合新體驗的意願，讓阿里巴巴獲得全球品牌青睞。

至於亞馬遜，它在二〇一八年靠亞馬遜 Prime 影音平台開創十七億美元的營收。不過一年前，數字僅七億美元。甚至在疫情之前，專家就已預估 Prime 影音在二〇二〇年的營收可成長至三十六億美元。[24] 全球鎖國封城讓數字有增無減，根據亞馬遜的報告，第二季回顧的數字已較去年同季成長一倍。

亞馬遜不僅改變了我們接觸娛樂的管道，也改變了我們消費娛樂的方式。二〇二〇年第二季，該公司推出所謂「影音派對」（Watch Parties）功能，讓亞馬遜 Prime 的會員可以一邊看亞馬遜的電影或電視節目一邊聊天。它也模仿網飛的方案，推出「Prime 影音專區」（Prime Video Profiles），賦予 Prime 會員在帳戶裡最多管理六個專區的權力，也為每一個用戶量身推薦產品。

最後，亞馬遜也開始整合媒體和商業實務，比如在二〇二〇年推出由海蒂・克隆（Heidi Klum）和提姆・岡恩（Tim Gunn）主持的《時尚爭霸戰》（*Making the Cut*）系列。這部每週一次的電視實境秀以十二位時裝設計師為主角，他們競逐創立全球服裝品牌的機會和一百萬美元的獎金。每播出新的一集，節目出現的設計就可以在亞馬遜買到。

不甘於在媒體競賽落於人後，二〇二〇年八月，沃爾瑪透露收購抖音（TikTok，中國應用程式開發商「字節跳動」創造的短影音 app）股份的計畫。每月活躍用戶超過八億人，抖音已證實是「黏人」的平台，有無限可分享、使用者創作（user-generated content）的串流影音，也有助於推廣商業。另外，抖音的受眾人口分析也顯示，有近九成用戶在三十四歲以下。這是行銷的金礦。

這筆交易若獲得同意，帶給沃爾瑪的收穫包括全球抖音（TikTok Global）七・五％的股份，以及為全球抖音提供電子商務、物流、支付和其他全通路服務的商業協議。

抖音是不是沃爾瑪引頸期待的利器仍在未定之天。社群媒體平台也可能只是曇花一現。但真正重要的是其中的弦外之音：沃爾瑪顯然了解，如果它要跟頂級掠食者逐鹿天下，娛樂和媒體管道不可或缺。

不只是遊戲

二〇二〇年九月，正值疫情高峰期，奢侈品品牌博柏利（Burberry）辦了一場別開生面、有四萬人參與的時裝秀。不必戴口罩、不必消毒雙手、不必保持社交距離。你可能會問，怎麼辦到的？

這場秀是在亞馬遜旗下的社群遊戲和電競直播平台 Twitch 轉播。博柏利在二〇一〇年就是第一家轉播虛擬時裝秀的精品公司，碰巧也是第一個在 Twitch 上直播時裝秀的品牌。運用 Twitch 獨一無二的組隊實況（Squad Stream）功能，博柏利能從多種視角將實況呈現在全球觀眾眼前。這或許令人驚訝，但更令人意外的可能是各大品牌竟然過了那麼久才猛然意識到，遊戲平台也是可走的商業通路。

二〇一七年，亞馬遜開始測試 Twitch 作為電子商務通路，讓電玩可透過該平台購買，並為用戶置入類似亞馬遜 Prime 的優勢。今天，該平台坐擁遍及全球兩百多個國家地區、約一億四千萬個不重複月用戶（unique monthly user）。整體來看，光是二〇一九年第二季，全球就估計有近三十億人次的電玩玩家透過該平台觀看二十七‧二億小時的網路直播內容。[25]

今天，在遊戲平台買賣的東西大都是遊戲用的虛擬物品──新的超能力、武器或某種個性飾物，但距離現實世界的物品，似乎只剩一步之遙。畢竟，遊戲具備所有適當的成分：非常投入的全球受眾，使用一個提供互動、社交會話、強健處理能力，以及高速連結用戶的平台。另外，因為 Twitch 允許用戶發表評論，如果有事發生，消息可以迅速傳播開來。

這就是 Scuti 等公司迅速協助塑造的未來。Scuti 是資深行銷人員、魁偉公司（Massive Incorporated，遊戲內廣告平台，二〇〇六年售予微軟）創辦人尼可拉斯‧朗加諾（Nicholas Longano）的心血結晶，允許遊戲製造商直接在遊戲裡附加網路商店，創造新的 G 商務（遊戲商務）收益流。Scuti 也鼓勵玩家建立購物者簡介概述自己的興趣，讓平台推薦符合標準的商品。

零點擊經濟

人人都有自己的喜好，為不同事物享受購物的樂趣。有些人愛逛服飾、珠寶、電子商品；有些人愛逛家具、藝品、汽車。但也有些我們需要的商品，沒有帶來這樣的喜悅或趣味。事實上，就統計來看，我們購買的食物和家用品中，約有五〇％不是我們刻意選購，而純粹是例行補充的品項。我們不會吵著要去當地的超市斟酌要買哪一種尿布、食鹽和垃圾袋。我們最常買的就是我們上次買的東西，而很多時候，我們恰好是在每星期或每個月的同一時間買這些商品。當然，我們可能喜歡上超市親自挑選某些品項，但一袋十公斤重的狗食應該不是其中之一。而我們的人生可能有數百種，甚至數千種這類單調乏味的購物。

像亞馬遜那樣的頂級掠食者，正衝著我們這種例行性消費而來。而他們搶食這塊大餅的方法已經在建立了。

在零售業一直致力發展全通路的同時，亞馬遜卻著眼於如何在顧客生命中創造**無所不在**（omnipresence）。該公司已售出超過一億部 Echo 居家助理。[26] 這項產品運用亞馬遜的亞莉莎聲音辨識技術（Alexa Voice）──根據科技新聞媒體 The Verge 的資料，這個平台目前擁有「超過一百五十種內建亞莉莎的產品，兩萬八千多種由四千五百多個不同製造商生產、與亞莉莎配合的智慧型居家裝置，以及七萬多種亞莉莎技術。」[27]

深知顧客有習慣性的購買行為，很可能就是亞馬遜在二〇一四年幫它所謂「預測式出貨」（anticipatory shipping）物流系統申請專利的動力。理論上，亞馬遜是希望在未來某一刻後，它可以開始在顧客下單前把商品運給消費者──或許在顧客明白自己需要那些東西之前。根據這項專利，這個構想可以透過一個精密複雜的資料分析平台加以實現，那將預期顧客的習慣性購買行為，把可能被下單的商品移動到離消費者更近的位置，類似京東商城在平台上預期顧客需求的做法。這樣的系統讓亞馬遜得以大幅減少運貨時間，從數天到數小時不等，視品項和目的地而定。

憑藉預測式出貨，再配合亞馬遜的「長期訂購省錢」（Subscribe and Save）方案──自動補充顧客使用最多的品項──顯然，亞馬遜想要鎖住我們那五〇％不需多做考慮的消費。

在此同時，沃爾瑪似乎也有其他設計可進一步深入顧客的生活和住家。二〇一七年，該公司為一種全自動商店的設計申請專利。但這次申請非比尋常之處在於沃爾瑪提出，商店將直接設在消費者家中！根據這項專利，這種介入式、食品櫃式的結構允許顧客想拿什麼就拿什麼、在帳戶扣款、再由沃爾瑪配送團隊定期補貨。甚至在人工智慧幫助下，這個系統還能依照顧客的喜好推薦獨特的商品。

對頂級掠食者來說，每一項透過長期訂購或自動補貨的產品都做到兩件關鍵的事情。那降低了物流和運輸成本，也讓顧客更沒有理由去別的地方購物。

更大的獵物

不過，上述這些機會還無法提供足夠的營養價值，來在疫情肆虐期間維繫這些巨獸必須從市場得到的那種令人瞠目結舌的獲利。要供給持續成長的燃料，這些頂級掠食者需要找到有更高熱量的全新食物來源——遠比兜售更多慢跑鞋、電子商品和家用品來得高。

這個消息應足以讓所有公司感到憂慮，但最該擔心的恐怕是目前身處的產業主要由封閉寡頭統治的公司，例如銀行、保險、運輸、醫療、教育等等。這些產業不僅向來不願自我破壞而革新（self-disrupt），新冠肺炎也已照亮了他們各自的弱點。而這些弱點已引來頂級掠食者覬覦，在這些新鮮獵物上空盤旋。

銀行與支付

二〇一八年，我應邀對一群美國金融業的聽眾發表談話。與會者主要來自中等規模的區域型銀行，不過也有一些代表名聲較響亮的業者。活動籌辦人表示想「稍微撼動一下觀眾」。他們真的想徹底傳達「改變」的訊息。那看似一項值得的挑戰，而老實說，我這輩子最怕銀行家了，所以這次嘗試必有收穫。

▎頂級掠食者的成長類別

演說當天，我不禁對我打算要做的事情有點緊張，但那已經深深嵌入報告中，無法回頭了。那要不行得通，要不一敗塗地，而我將得知究竟是何者。在登上講台、照慣例向多人致謝後。我開始了。

「命運有一種很好玩的運作方式，」我說。「我相信各位應該都看到今天的新聞了。我一個人在歐洲的朋友剛傳這個給我。」

說到這裡，我便點了第一張幻燈片。我在上頭諧擬了一則 CNN 新聞快報的標題，用跑馬燈打出「蘋果公司宣布進軍金融業」。

「他也傳了這個給我。」我按了下一張，呈現一篇用軟體修過的《紐約時報》報導，標題類似：〈蘋果公司將開設銀行〉。下面文章繼續指出，手握超過六百億美元的現金，蘋果看到重新開創銀行經驗的機會。

那一刻，全場鴉雀無聲。觀眾裡有些人面露微笑，但難掩緊張。有些人急著傳訊息給辦公室，讓同事知道這個應該不假的新聞。其他人則沉默不語，臉色幾分蒼白。房裡的集體緊張顯而易見。

我讓氣氛僵在那裡整整五秒，才告訴他們這是惡作劇。「當然，這全是假新聞。」

不一會兒，有些人忍不住笑出來——你知道你剛怕得要死，但很高興能活下來侃侃而談的那種笑。有些人靠向身邊的人，投以那種「我就說吧」的眼神。有些人的臉色仍不怎麼好看。但知道這是我在惡搞，大家顯然都鬆了口氣。

「你們有多少人真的認為確有其事？」我問。「有多少人真的以為蘋果公司要開銀行？」房裡超過半數的手舉了起來。然後我問：「老實說，剛剛，有多少人覺得你們的銀行立刻處於弱勢了？」

再一次，大部分的手舉了起來。誠實的手。

其實，銀行業已提供不合格的顧客經驗數十年了。從過高的手續費到人力縮減到掠奪性的放貸，銀行是顧客恨之入骨的機構。那就像是給頂級掠食者搖了開飯的鈴聲。而他們顯然聽到呼喚了。

六年前，阿里巴巴的螞蟻金服尚不存在。今天，它的市值達一千五百億美元，已超過高盛集團（Goldman Sachs）。假如螞蟻脫離阿里巴巴，它將躋身全球十五大銀行。螞蟻也提供信用卡、信用評分、貸款和財富管理。如果這還不足以讓你訝異，螞蟻金融的餘額寶基金現在是全球最大的貨幣市場基金，價值超過兩千五百億美元。

阿里巴巴不是唯一一個跨足金融業的頂級掠食者。到二〇一九年，亞馬遜已建立、買下或借用至少十六種金融科技產品和平台，把它們縫合起來促進其金融生態系統之成長。它也積極提供貸款給商業夥伴，光是二〇一八年就提供超過十億美元的小型企業貸款給他的第三方零售商。[28] 它也為顧客提供付款條件——全都是為了餵養自己的生態系統。有更多商家，有更多顧客有更多錢在更多商家花。抹皂、沖洗，再來一次。

銀行刊物《金融品牌》（The Financial Brand）最近指出：

最令多數傳統銀行高階主管煩惱的是，亞馬遜可能在任何時間點決定提供某種類型的準支票商品來幫助「全球各地的商家和顧客」。畢竟，加入亞馬遜 Prime 會員的美國人比例高得驚人——約占全部成人人口的一半。那對任何金融服務而言都是巨大的潛在顧客基礎，就看亞馬遜要不要提供了。[29]

沃爾瑪也一步步靠近支付領域。該公司的 MoneyCard ——一種提供給無銀行帳戶（unbanked）或缺乏銀行服務（underbanked）顧客的預付簽帳卡方案——目前已是美國同類型中最大的零售專用方案。另外，沃爾瑪最近宣布投入名為 TailFin Labs 的金融科技加速器控股計畫。TailFin Labs 將著眼於電子商務和金融服務灰色地帶的前瞻技術。

保險

如果你住在紐約或紐澤西，你很可能聽過甚至去過二十一世紀百貨公司。身為元老級的特價百貨，這家具代表性、家族經營的零售店在一九六一年由共同創辦人艾爾／桑尼・金迪（Al/Sonny Gindi）兄弟開張營業。當時，「二十一世紀」一名的靈感來自即將來臨的世界博覽會（一九六二年在西雅圖舉辦的二十一世紀博覽會）。

後來，領導權轉移給艾爾和桑尼的兒子，這家連鎖店逐步擴展，在三州都會區[*]和佛羅里達州併了十三間店。該公司位於紐約市科特蘭街（Cortland Street）二十二號的旗艦店就在世貿中心雙子星大廈正對面，甚至在九一一恐怖攻擊後的滿目瘡痍中存活下來。

來過二十一世紀買東西的人遍及世界各地。對許多人來說，這間店

---

[*]【譯者註】部分紐約州、紐澤西州、康乃狄克州與賓州城市。

是紐約市朝聖之旅的必去之地。但往後幾年，隨著美國零售市場分裂成奢侈品與折扣店兩條路線，特價市場見到指數型成長，也迎來許多新參賽者。從梅西、諾德斯特龍（Nordstrom）到薩克斯第五大道（Saks Fifth Avenue），每一家都開了特價店，TJX 更是大舉展店淹沒市場。暢貨中心如野草蔓生，「快時尚」（fast fashion）成為新一代購物者的正字標記。於是，在這個它曾為典範的市場，二十一世紀的能見度愈來愈低。雪上加霜的是，就連曾象徵燦爛未來的名稱，似乎也成了時代錯誤——更別說該公司常被誤認為那家房地產仲介了。

二〇一八年，我加入一個顧問團，協助該公司重新思考、重新創造和重新定位它的品牌。品牌的每一個面向和定位都被放到顯微鏡底下檢視。二〇一九年，顧問團解散，但該公司請我留下來和團隊一起創造新的形象、新的市場策略，以及我們全都覺得可能是這家連鎖店的亮麗新開始。同年底，該公司的新計畫已經上路，且成果令人振奮。

然而，二〇二〇年九月十日，這家歷經六十年興衰起伏、景氣消長與災難性恐怖攻擊仍屹立不倒的公司，聲請破產了。共同執行長雷蒙·金迪（Raymond Gindi）在一項聲明中表示：

> 雖然保險理賠曾協助我們在九一一的毀滅性衝擊後重起爐灶，現在我們別無選擇，只能結束我們鍾愛的家族企業，因為我們的保險業者——雖然我們年年支付高額保費預防像今天這種出乎預料的情況——在這個最緊要的關頭棄我們而去了。[30]

二十一世紀百貨在經營近六十年後關門大吉，是因為它的保險商不願賠償該公司所投保一億七千五百萬美元的營業中斷險。

二十一世紀並不孤單。英美兩國有上千家零售商遭逢類似的命運——保險公司集體拒絕理賠疫情造成的營運中斷。對某些零售業者來說，這可能要打好幾年的官司；對二十一世紀百貨而言，這是路的盡頭，是一個如此投入熱情經營的家族企業的悲傷終結。

面對與日俱增的保費，這種理賠上的認知差距更顯嚴重。全國廣播公司商業頻道（CNBC）最近報導，保費節節上漲的速度已經超過通膨和所得增加了。文章繼續說，過去五年，平均家庭保費支出已上漲二二％；過去十年更已上漲五四％。[31]

就是像這樣的事件和趨勢，特別是面臨巨大混亂的時候，讓保險業之類的產業容易陷入動盪而不履行契約，使得消費者轉而尋求更好、更方便的選項。對已經在尋找新獵物的頂級掠食者而言，保險業正散發著強烈到危險的香氣——而掠食者早已尾隨其後，亦步亦趨了。

透過亞馬遜購物保固險（Amazon Protect），該公司已為電子產品到家電類的消費品提供保險。我們沒有理由相信，隨著亞馬遜進一步將保固險範疇拓展至住家、奢侈品、汽車和其他重要購置品，它不會追求隨之而來的保險收益。

事實上，它已經在印度等地更積極地打進保險市場了。二〇一八年，亞馬遜向印度的公司註冊處（Registrar of Companies）提出申請，表達銷售本身保險套裝商品的意向。據美國市調公司 CB Insights 的說法，「二〇一九年三月，亞馬遜獲得印度保險業管理暨發展局（Insurance Regulatory and Development Authority）核發的經紀公司執照，為該公司開了一條康莊大道。」[32]

亞馬遜不是唯一緊盯保險的頂級掠食者。二〇一八年，京東商城投資安聯中國（Allianz China）三〇％股份的計畫獲得核准，讓它成為安聯中國的第二大股東。不過一年前，京東商城的投資人騰訊也有類似的舉動，買下微民保險代理有限公司的多數股權，並獲得核准在騰訊的數位網上銷售保險產品。

保險業該擔心嗎？沒錯，加拿大保險公司加拿大保護計畫（Canada Protection Plan）配銷長麥可・阿奇茲（Michael Aziz）這麼認為。他在《加拿大保險業》（*Insurance Business Canada*）二〇一八年十一月號撰文指出：

> 亞馬遜們和谷歌們會來嗎？會，我相信從某個時刻起，他們會開始更密切地觀察我們這個產業。他們可能在短時間內提供保險嗎？我認為他們目前還過不了主管機關那關，但總有一天會過關，這就是為什麼各行各業的保險供應商都必須注重保險科技（insurtech），確定自己已準備好迎接下一級的挑戰。[33]

顧客經驗顯著不佳，代表保險公司正引來「下一級的挑戰」。尤其，像亞馬遜、阿里巴巴之類的公司皆已展現卓越的本領，能夠鑑定出本身以門外漢之姿切入垂直市場（vertical）會碰到的關鍵問題，並運用技術加以解決。這讓保險業者只剩一個選擇：修正自己的問題，或站到一邊，等頂級掠食者來修正，並順便霸占這個產業。

運輸和配送

二〇一七年三月聯邦快遞（FedEx）董事長弗雷得・史密斯（Fred Smith）在接受《財星》雜誌訪談時說：

> 好，讓我們確定自己了解以下定義：亞馬遜是零售商，我們是運輸公司。意思是我們有大量上游集貨中心、分揀設備、班機、貨運路線等等。亞馬遜則負責讓你進入他們的店面……多數包裹都不是亞

馬遜自己配送的。[34]

一言以蔽之：那次採訪禁不起時間考驗。

往後幾年，彷彿衝著史密斯而來，亞馬遜擴增了它的物流足跡，擴大了自有貨車和租賃噴射機隊，並擴充亞馬遜 Flex 運送方案——有點類似運送包裹的優步。

不到兩年後，事實昭然若揭：亞馬遜不再是顧客，而成了競爭對手。聯邦快遞宣布中止與亞馬遜的地面配送交易。當時很少人知道，亞馬遜已親自運送五〇％的包裹給顧客了。[35]

聯邦快遞氣數已盡。只是它自己還不明白。

二〇二〇年底，亞馬遜宣布打算至少在全美各地開設一千個地區配送站。[36] 在那個月前，才有報導指出亞馬遜正在洽談買斷西爾斯和傑西潘尼店面、改造成在地「最後一哩」物流中心的可能性。這樣的買賣將讓亞馬遜得以再次提高配送戰的賭注。這家已讓隔日運送成為零售業競爭門檻的公司，或許會把賭注加大為同日，甚至某些品項一小時內送達。

我不只相信亞馬遜將為物流及配送設立新的基準，也相信這個領域將成為該公司下一個有數十億美元營業額的事業。如同該公司亞馬遜網路服務（AWS）的做法——最初是為了自用而建立這個出類拔萃的雲端儲存系統——亞馬遜最終也將為其他（甚至與之競爭的）零售業者提供第三方運送服務。如此一來，亞馬遜不僅能削減本身的運送成本，還將搶奪聯邦快遞、優比速（UPS）等運輸公司的市占率。若能成功，亞馬遜將創造另一個數十億美元的營收管道。

在這方面，亞馬遜同樣是跟隨京東的腳步。二〇一八年，京東宣布將擴張其專利物流配送系統，為北京、上海、廣州的企業和住宅顧客提供包裹運送服務。該公司表示，這只是許多步驟的第一步，它最終希望能服務中國所有地區，與中國國內運輸公司同場較勁。

　　另外，阿里巴巴最近也和中國貨櫃運輸公司中國遠洋海運集團（COSCO，別跟零售商好市多〔Costco〕搞混了）簽訂協議，將運用該集團的區塊鏈系統根除阿里巴巴運輸效率不彰的問題。中遠是世界第三大的貨櫃運輸公司。

　　以上全都預示另一場大逃殺即將來臨──這一場是頂級掠食者和現有運輸競爭對手之間。若歷史可引以為鑑，運輸公司恐怕得嚴肅看待這個威脅。

醫療

　　一如新冠肺炎期間諸多生活層面，數位醫療也成為很多人的新現實。《紐約時報》作者班哲明・穆勒（Benjamin Mueller）說：

> 不過幾天光景，一場遠距醫療革命已來到歐美基層醫療醫師門前。原本是出於安全考量的虛擬看診，現已成為家庭醫師治療計畫的重心，不論是日常疾病，或未被察覺、若不及時治療即可能有喪命之虞的問題都是如此。[37]

　　據估計，全球醫療市場總值達十兆美元，而根據「美國商業資訊」（Business Wire）的說法，那可望以將近九％的複合年均率成長。[38] 光是在美國，依據彭博社的統計，醫療支出總額接近四兆美元，幾乎達到國內生產毛額的二〇％，超過全球所有國家。[39] 這是飢餓掠食者的鮮肉，而每一個都已聞香而來。

　　二〇一七年，亞馬遜開了幾個內部工作職缺，要建立一支名叫「1492小隊」（1492 squad）的新團隊。「1492」一名指該公司將如一四九二年哥倫布航向美洲大陸一般努力進行探勘任務，尋找從醫療紀錄汲取數據資料的方式。另外，亞馬遜也投資聖杯（Grail），一家運用技術及早在癌症可治療期偵測血液裡癌細胞的新創公司。亞馬遜在二〇一七年初購得該公司價值九億一千四百萬美元的 B 輪投資的部分股權。除此之外，亞馬遜還從雲端儲存勁敵 Box 公司那裡挖來醫療與生命科學主管米希・克拉斯納（Missy Krasner）。

二〇一九年十二月，亞馬遜為醫療執業者開辦語音轉錄服務，將醫囑及處方直接謄寫在病患的健康紀錄上。[40] 亞馬遜也和摩根大通（JPMorgan）和波克夏海瑟威控股公司（Berkshire Hathaway）合作，為三方合計一百二十萬名員工提供新的健康計劃。[41] 這項現在稱為「避風港」（Haven）的創舉直接瞄準美國醫療制度多項長年缺失：費用暴漲、繁文縟節、治療疾病重於增進健康。

如果那還不夠，亞馬遜又花了十億美元購併 PillPack，讓它在美國五十州都有藥局執照。亞馬遜在零售業龐大且持續的投資讓它自然與身心健康結合在一起——而它的實體店面如全食超市，則為未來高所得市場的醫療診所提供社區據點。亞馬遜也自稱調整了亞莉莎語音技術平台，讓參與的醫療公司能夠收發受保護的病歷資訊。它也運用亞莉莎語音技術做處方管理、提醒等事項。

二〇二〇年七月十四日，亞馬遜展開另一波進軍醫療市場行動。它宣布將與 Crossover Health ——總部設於美國、協助雇主將雇員納入健康照護制度的醫療團體——合作，為亞馬遜員工建立醫療診所網。[42] 亞馬遜表示，第一間「社區健康中心」（Neighborhood Health Center）將設在達拉斯—沃斯堡市場，服務部署當地的兩萬多名亞馬遜員工。

亞馬遜進犯一個市場時，常是挾技術而來。醫療也不例外。二〇二〇年八月，亞馬遜宣布要以「健身手環」（fitness band，可想像成沒有螢幕的Fitbit）和名喚「光環」（Halo）的訂閱服務進軍健康科技市場。這款 app

不僅提供其他 app 也常有的健身應用程式，還能進行 3D 身體掃描顯示體脂肪，並監測你的聲音來判斷你的情緒狀態——想必是測量壓力等級的方式。同月，亞馬遜印度宣布將主導邦加羅爾一項網路藥局服務。印度的網路藥局市場預計將成長近三倍，在二〇二一年達到四十五億美元。[43]

最後，二〇二〇年十一月，亞馬遜發表一項聲明，讓美國連鎖藥局 CVS、Walgreens、Rite Aid 股價應聲重挫。亞馬遜說，該公司要開辦具競爭力的網路藥局——將為 Prime 會員提供折扣和免運費的兩天到貨。歷經三年，下了重要的九步棋，亞馬遜已打進醫療領域，準備要給現任業者迎頭痛擊了。

阿里巴巴也將目光對準醫療市場。該公司目前透過螞蟻金服提供醫療險。該計畫一推出便吸引六千五百萬用戶。阿里巴巴的目標是一項醫療計畫要吸引三億人——差不多是美國人口了。這會讓螞蟻金服搖身變成世界最大的保險業者。

新冠肺炎疫情更為阿里巴巴進一步打入醫療業提供理想環境。二〇二〇年八月，根據新聞報導，該公司宣布計畫將近期股票發行籌得的十三億美元投入拓展其電商藥品事業——拜新冠肺炎之賜，那正得到新一波成長的動力。[44] 阿里巴巴指出，這筆資金主要將用來擴充藥品銷售和配送的能力，餘額則用於替參與服務的合夥醫療業者打造數位工具。

不可遺漏的是，沃爾瑪也虎視眈眈。二〇二〇年六月，沃爾瑪宣布正向新創公司 CareZone 購買技術及智慧財產權。CareZone 的業務聚焦於協助民眾管理多重藥物治療。[45] 摩根士丹利評估，跨足藥品與診所的多角經營策略，已讓沃爾瑪成為醫療產業「必須關注的沉睡巨人」。[46]

最後，別忘了京東商城。該公司早在二〇一三年就對醫療這塊大餅感興趣，開始在網站銷售藥品。二〇一六年，它設立「京東健康」B2C（企業對消費者）平台，運用它廣闊又有效率的物流網銷售及配送藥品。不過三年，京東已成為中國最大的藥品零售商（包括網路和實體），市占率達一五％。該公司還計畫運用它無與倫比、觸及九九％中國民眾的物流網來拓展它的醫療服務網。

教育

基於上述各種理由，全球教育市場也成了頂級掠食者的俎上肉。

據估計，中國教育市場在二○二○年的總值約四千五百三十八億人民幣（六百五十億美元）。[47] 中國首要社群媒體平台，也是京東商城一八％股東的騰訊公司，正加緊腳步參與它所謂的「智慧教育」——國中小及學前教育、技職學校及進修教育學生的完整教育平台；該公司形容那是「更公平、更個人化、更有智慧的教育」而大力推廣。[48] 擁有超過十億個活躍用戶，像智慧教育這種方案的滲透率可能十分驚人。同樣地，阿里巴巴也在教育市場占有一席之地。它最近提供「幫幫答」作業幫手 app，同屬阿里巴巴的優酷也推出一個影音在家學習平台，結合同公司的 DingTalk 線上合作工具，正式打進中國爆炸性發展的教育市場。

如果亞馬遜稱霸零售業的劇本可作為借鏡，我有預感，該公司將試圖支配教育光譜的商品端，而它似乎已經握有若干要素了。它控制了全球最大的書籍商場，還配備自己的出版部門。它有健全的裝置生態系統，讓它得以創造包含教材、技術、互動課程等教育套裝產品。另外，亞馬遜對教育範疇的興趣早已不是秘密。亞馬遜網站上就有教育網頁，洋洋灑灑列出教育市場的各種商品和服務。從課程、教材到給教育工作者的雲端服務，亞馬遜儼然把自己打造成一所虛擬大學，擁有教育者和學生可能需要的一切，包括一家書店。

事實上，在這些頂級掠食者進場後，教育市場可能會變得與零售市場類似，頂端有一票奢侈品牌——世界各國的麻省理工、史丹佛和牛津級大學

——迎合社會頂層一〇％，商品端則由大規模全球公司掌控，保證提供低成本、無阻力的基礎教育管道。一如零售業者，那些卡在中間不上不下的學校——既非聲譽卓著的學術品牌，亦非最方便、最經濟實惠的教育替代方案——會被生吞活剝。

換句話說，在教育界，有個市場是亞馬遜和其他頂級掠食者能夠供應的，而且商機絕對龐大。

違反了？是啊，當然

「我不能向你保證〔亞馬遜〕從未違反這項政策，」貝佐斯從他位於西雅圖的辦公室，對美國國會大廈裡面燦笑著。他指的是亞馬遜標榜禁止使用第三方賣家資料來仿製亞馬遜旗下商品的事。這個問題是美國眾議院議員普拉米拉・賈雅帕爾（Pramila Jayapal）提出，而她的選區碰巧包括西雅圖。她的刺探是一場馬拉松式國會聽證會的一部分，會上，谷歌、臉書、蘋果公司、亞馬遜等科技巨頭被議員拿各公司的道德和競爭問題疲勞轟炸。答覆時，貝佐斯說到亞馬遜一項內部政策：阻止員工參考產品類別上「綜合資料」（aggregate data）以外的任何資訊，來做出該製造哪一種自有品牌商品的決定。

對我們這些過去三十年都跟著亞馬遜的一舉一動過日子的人來說，這樣的回應簡直荒謬，而貝佐斯顯然是想轉移這個問題：亞馬遜掠奪性地使用商業數據來計算要製造哪些亞馬遜品牌的產品。若真以為貝佐斯不知道該「政策」實施這麼多年來已被違反多次，那就太可笑了。

另一位國會議員最終讓貝佐斯承認這個事實：依據同樣的政策，只要某一類別有兩個以上的競爭者，公司**就可以**查閱數據了，就算其中一家在該類別囊括絕大部分的銷售。例如《華爾街日報》調查發現，在一個案例，亞馬遜使用了兩個不同賣家的數據來設計本身的收納箱產品。問題在於收納箱產品有高達九九‧九五％的銷售額是 Fortem 這個品牌創造。你猜得到亞馬遜的收納箱產品最後簡直跟誰的一模一樣嗎？如果你猜 Fortem，恭喜進入獎金挑戰賽。

事實上，由於亞馬遜幾乎壟斷產品搜尋數據，你甚至不必是亞馬遜的零售商就能被仿冒。只要問問喬伊‧齊林格（Joey Zwillinger）便知道。齊林格是紐西蘭鞋商 Allbirds 的共同創辦人。Allbirds 直接銷售給顧客、獨一無二的羊毛運動鞋相當成功，事實上，Allbirds 銷售出色到亞馬遜仿製出幾乎一針一線都相同的鞋款。亞馬遜還在傷口撒鹽——仿冒品每雙比 Allbirds 便宜三十五塊美金。「他們非常了解消費者，而他們顯然看到很多人在搜尋 Allbirds，」齊林格在訪談中說。「感覺大數據演算出一雙外表酷似的鞋子，讓他們可以從那種需求牟利。」[49]

聽證會期間的其他指控還包括，亞馬遜的 Echo 裝置在市場以低於成本的價格拋售來扼殺競爭對手，以及當顧客用亞莉莎的語言平台訂購，亞莉莎總會神奇地導向亞馬遜商品。

議項甚至沒有針對亞馬遜被報導的工作環境和打壓工會的案例提出有意義的問題。事實上，在貝佐斯接受質詢的三個鐘頭，他大半無法給出決定性的答覆，僅一再保證會採取後續行動。在回應有關亞馬遜權力過大的憂慮時，貝佐斯的結論是：「我們參與的零售市場太大、競爭太激烈了。零售業有空間容納多位贏家。」[50]

就這樣，這場交相指責與淡然告誡的會議雷聲大雨點小。政府最終會採取何種行動，甚至會不會採取行動，仍不得而知，但我個人相信，如果你期待亞馬遜，或其他任何頂級掠食者被政府規範大加箝制，恐怕還得等一陣子。

在前疫情世界，大眾反托辣斯情緒高漲，監管調查接連不斷。但疫情已讓像亞馬遜這樣的公司成為顧客、零售商，乃至國家經濟不可或缺的生命線。由於政治之火通常是選民燃料的產物，我們可以合理假設，這些公司會被從輕發落，至少在疫情順利結束前是如此。他們已經變得必不可少。許多因疫情危機及餘波而深陷混亂的政府，有更重要的事情要做。

另外，如果從政者是瞇著眼看亞馬遜，它看起來也沒那麼壞。

在愛爾蘭，亞馬遜已透露將在都柏林投資一座園區的計畫。園區占地十七萬平方英尺，將由亞馬遜網路服務雲端運算的員工使用，而其人數可望在未來兩年突破五千人。[51] 在加拿大，亞馬遜將增加五千名員工。[52] 英國也將上演同樣的劇本，新創一萬五千個工作機會。[53] 例子不勝枚舉。

整體而言，根據二〇二〇年七月號《綜藝》（*Variety*）雜誌的一篇文章，亞馬遜自同年三月以來已新增十七萬五千份工作，並正將其中十二萬五千份轉為正職。同一時間，從聯合航空（United Airlines）到梅西百貨等公司都在大砍人力，造成數千萬人失業。所以如果你是哪個西方經濟的政治人物，現在難道不是跟從亞馬遜的最佳時機嗎？畢竟它是目前市場上成果最豐碩的就業創造機器之一，也是疫情期間顧客可仰賴取得所需事物的少數補給線之一？

由此可見，新冠肺炎不僅加速實現最終可能發生的事情，還是一個獨特的入口，引領我們進入截然不同的零售未來。有它鋪路，這些公司將勢如破竹地穿透全球顧客的生活，遠比之前深入。就像我們要到停電時才會想起我們有多依賴電力，這些零售商將成為維繫顧客生活不可或缺的公用事業。這不只會將他們的成長迭創新高，也讓這些巨型商場在更新、更多有利可圖的類別建立穩固的立足點。

我們愈來愈容易想像這樣的未來：亞馬遜不僅提供你購買的大部分商品，也提供你住家和汽車的保險、你的處方藥物和物理療法、你的孩子的家教。也很容易設想這樣的世界：阿里巴巴不只是你的網路購物首選，也是你的銀行和在地購物中心的幕後老闆；沃爾瑪既擁有你冰箱裡的空間，也擁有你的青少年孩子天天消磨時光的社群媒體網路。

這種可能性代表一種生存威脅，不只對許多零售業者，對任何在地球上賣東西給人類的生意人來說都是如此。已打入顧客生活那麼多層面，這些超大型國際商場將在顧客四周架起價值與效用的鐵絲網，不放他們出去。

透過協助改變頂級掠食者的基因組成，新冠肺炎疫情將他們推上一條即便規模和營收已如此巨大，仍看似無法想像的成長路徑。但他們還會變得更大、非常大。只要這場危機繼續餘波盪漾，我們將見到這些公司除了會讓所有不大不小的零售商、連鎖店和百貨公司憑空蒸發，還會徹底重新定義選擇、便利、價格競爭力，讓今天許多日用與便利品的零售模式化作焦土。

危險當然是這個：一旦這些頂級掠食者逐漸改以那些利潤更高的類別為食，商場營收的產品利潤率將變得沒那麼重要。事實上，若走極端，他們在商場經營這塊只要損益兩平就好──純粹把那當作招徠新顧客的管道。產品只是用來吸引大批新顧客的麵包屑，之後新顧客就會深陷這些公司精心打造、把生活團團圍住的生態系統，不可自拔了。只要你是銀行、保險公司、醫療供應商、教育機構、運輸公司，商場裡的產品基本上用送的也無所謂。

如果這樣還不足以讓你輾轉難眠，這些頂級掠食者還形成另一種威脅。隨著他們擴建龐大的生態系統，他們也催生出另一種零售商：迷你商場。

二〇二〇年八月，美國食品雜貨商克羅格（Kroger）宣布與電子商務夥伴、專攻 B2C 和 B2B 電子商城的 Mirakl 公司合作推出第三方商場的計畫。克羅格表示，該商場會先提供食品雜貨外的類別，包括家用、玩具，和特製品。

十八個月前，即二〇一九年二月，克羅格的競爭對手目標百貨也發表過類似聲明。該公司打算著手進行小規模實驗，建立名為 Target+ 的第三方商場。該商場以「非請莫入」的原則提供零售商據點，一開始有三十家零售商銷售六萬件商品。到二〇二〇年二月，Target+ 已成長到有一百零九家零售

▌頂級掠食者和迷你商場

商和十六萬五千件商品了。[54]

　　以上只是一種迅速滋長的零售商類型搶開第三方商場的其中兩例。這類零售商沒有存貨要求或物流責任。他們僅在商場交易完成時收取佣金或服務費。

　　說事態緊急並不為過。諸如亞馬遜、沃爾瑪、京東和阿里巴巴等公司，已經抹去傳統的選擇觀念。例如，阿里巴巴已有數百萬個商家透過它的平台賣東西。亞馬遜則在它的網站上銷售或代理超過三億五千萬種商品！於是，不論購物者想要什麼，都會馬上去這些公司搜尋。這使得其他大型零售業者容易遭到顧客背叛。

　　因此，當他們開始感覺到競爭更加激烈，我們可能會看到更多全國性大型連鎖店採用第三方商場策略來緩和頂級掠食者的衝擊。這種模式能讓他們在不必讓資本被存貨綁住、不必進行費力的買賣談判之下加強供應。近期《零售週刊》（*Retail Week*）一篇報導將正在經營或探究第三方商場的零售業者比例釘在四四％。[55]

　　Mirakl 共同創辦人兼執行長亞德里安‧努森鮑姆（Adrien Nussen-baum）認為經營第三方商場有數個勝過第一方電子商務的優勢。首先，多數零售商沒辦法更有效率（到有利可圖）地把貨品送到消費者門前。從獲利能力的觀點來看，「網路訂購、店面取貨」的系統是上上之策，但比不上送貨到府的便利。話雖如此，零售商仍須提供顧客想要商品的選擇和配送。這兩種因素加在一起，支持了零售商主持的商場發展，努森鮑姆認為這不僅滿足了競爭性的選擇需求，而且淨利率會比第一方電子商務銷售高上一截。

　　二〇二〇年四月號《富比士》（Forbes）一篇文章引用努森鮑姆的話指出，零售業者透過第三方商場賺取的獲利，甚至可能比透過本身實體店面獲得的收益還高。據努森鮑姆的說法：「〔實體〕店面的平均毛利率大約徘徊在四五％，淨利則在二至四％。」多數電子商務通路，他說，利潤率約比店面低一〇到一五％。但第三方商城「通常可維持一二到二〇％的實收率（第三方交易的介紹費或佣金），讓零售商保有六到八％的淨利率」。結算後，根據努森鮑姆所言，第三方商場的獲利可能比實體店面高兩、三倍。[56]

　　除了可望收取佣金，第三方商場也提供零售業者創造廣告收入、交易費和訂閱費的能力。但第三方商場的風險，凡是曾上去訂過東西的人應該都看得出來。那樣的經驗可能糟糕透頂。服務水準可能時好時壞，運送速度可能比較慢，特別是相較於亞馬遜等業者樹立的標竿。換句話說，商場若未嚴格管理，可能導致業者商譽受損，再多財務利益也無法彌補。

　　但這是大型全國級零售商將要承擔的風險——因為他們非承擔不可。隨著亞馬遜繼續拓展實體店面與模式，沃爾瑪持續擴充網路供貨和物流能力，像克羅格和目標百貨之類的大型全國級業者別無選擇。如果什麼都不做，就只能任由頂級掠食者宰割了。

最終抉擇

所以，總結是？隨著社會已渡過工業時代的盧比孔河（Rubicon）無法回頭，零售業也來到全新的商業時代。這是將由一小批頂級掠食者——控制顧客大部分日常生活和活動的超大型國際商場——稱霸的時代。除了提供買賣數億種商品的管道，這些品牌也逐步打進非傳統商品和服務的領域。為了餵養成長所需、永不滿足的胃口，他們會攻擊諸如銀行、保險、醫療、教育、運輸等防禦薄弱的產業，顧客服務不周卻利潤過剩的類別。他們會運用廣大的顧客基礎來將上述每一個垂直市場的顧客市場數位化、當代化，重新思考檢視一番。

於是，像目標、好市多、家樂福、特易購（Tesco）等大型品牌，勢將面臨與頂級掠食者持續不歇的戰鬥。他們必須在還來得及的時候，基於便利性、在地性來凸顯自己的特色，努力打造自己的生態系統，透過整合和擴張第三方商場供貨，成為大型勁敵的較小版本。有些會成長，憑藉實力搖身變成頂級掠食者。有些可能會死在路上。無論如何，後疫情時代市場競爭之慘烈在現代零售史上前所未有。

因此，在由一票頂級掠食者和一群成長中的迷你掠食者占領的市場，其他所有品牌和零售商必須做出抉擇：要不加入一個、一些或所有大型生態系統，要不孤軍奮戰，試著在巨人的陰影下偷生，甚至茁壯。兩條路都有重大的風險和報酬。

依附亞馬遜、沃爾瑪、京東商城或阿里巴巴的主要報酬顯而易見：觸達率、量、基礎設施。亞馬遜的市占率驚人；沃爾瑪的店面網覆蓋率令人稱羨；阿里巴巴為各品牌提供多數其他公司所不能及的強健技術和「數據公路」（data highway）；京東的物流和配送能力高強，再加上與騰訊策略結盟，更使它成為魅力萬鈞的商場主人。

　　與這些巨人同床共枕的風險則更陰鬱。首先，品牌會失去在網路亮相的掌控權。Shopify 營運長（現任總裁）哈利・芬克爾斯坦（Harley Finkelstein）指出，品牌是「在別人的平台租用空間」。當然，其中一些生態系統會提供比較多的數據和自主權，但到頭來，那還是他們的房子。你只是租戶，你得照他們訂的規則居住。喔，對了，規則是隨時可以改變的。

　　其次，你的銷售資料可能會在你毫不知情的情況下被拿來對付你。你的產品會被仿冒嗎？顧客關係會被侵占嗎？究竟誰才是真正擁有顧客呢？這些都是合理的憂慮。

　　更糟的是，你可能身處一個容易貪腐的系統。例如二○二○年九月，華盛頓州一份聯邦起訴書列出六名共同被告參與總金額超過一億美元的賄賂案：送錢給亞馬遜員工換取商業利益。明確地說，起訴書指被告塞了十萬美元的賄賂給亞馬遜員工，拜託他們

　　幫助恢復被亞馬遜暫停或完全封鎖、不得在亞馬遜商場做生意的帳戶……以欺詐手段恢復的產品包括因顧客安全投訴而暫停銷售的營養補充品、因易燃而下架的家用電子商品、因違反智慧財產權下架的顧客商品等等。[57]

　　另外，起訴書也指控那些亞馬遜內部人員會中止被告競爭對手的帳戶。亞馬遜表示那起事件只是個案，該公司已建置系統偵測這種詐欺行為。實情是否如此不得而知，但這個例子凸顯了仰賴別人建立的通路，天生具有多大的風險。

　　另一個選項是孤軍奮戰、創造自己強有力的品牌優勢——建構你自己的品牌環境，讓顧客參與其中，並讓你和頂級掠食者保持安全距離。不過這說來容易，真的要做，就困難多了。

　　吾友約瑟夫‧派恩（Joseph Pine），即開創性著作《體驗經濟時代》（*The Experience Economy*）的共同作者之一這麼說：人們想要這兩樣東西的其中一樣：節省時間，或充分利用時間。[58] 我覺得這句話非常適合拿來總結消費者需求。但我會追加一個滑動基準：顧客想要省錢，也想把錢花得值得。

　　我們可以大膽假設：在**善加節省**時間和金錢方面，頂級掠食者和迷你商場將會勝出。他們已花了過去二十年時間，打造出以最豐富的產品選擇、最大的便利，以及起碼感覺最低的平常價格為基礎的價值主張。你的品牌能靠自己的策略性戰場打敗這些頂級掠食者的機會十分渺茫。

　　如此一來，你的品牌就只剩下一個競爭角度了：保證消費者的時間和金**錢花得值得**。藉由讓顧客的每分每秒和每一塊錢都花得值得，你將能穩住你的品牌所能占據最有價值、最可行、最長久的地位。

　　問題是怎麼做。

|第5章|
新時代的原型

無論如何我會振作起來：我會拾起曾因灰心喪志而丟棄的鉛筆，繼續
畫畫。

——梵谷（Vincent Van Gogh）

　　要與頂級掠食者同場較勁，第一步，也是最重要的一步是接受這個冷酷
的現實：你贏不了。競爭也不該是你的目標。

　　頂級掠食者——以及受其刺激生成的無數迷你商場——有門路取得充
沛的便宜資本和大批廉價員工。亞馬遜可針對單一技術問題或機會部署五千
名工程師。大筆一揮，阿里巴巴就能在新市場組成聯盟，驅動數十億美元的
增額收益。沃爾瑪二〇一九年的銷售成本、一般成本和管理成本是一〇七一
億美元，[1] 超越好市多的年度總營收——而那是疫情前的事。另外，在它們
周圍迅速冒出頭的迷你商場，將展售數千萬種商品。你是沒辦法跟他們競爭
的。

　　但雖然你的科技、工程師和經費可能都比不上這些公司，你絕對可以在
他們愈來愈長的影子裡成長茁壯。只是你必須徹底重新檢討你的事業。

在亞馬遜有門路取得充沛資本之處，你必須建立更豐沛的創造力。在阿里巴巴仰賴無與倫比的戰爭經費之處，你必須仰賴獨特、優雅的設計。在沃爾瑪倚靠分析浩瀚無垠的結構化與非結構化數據之處，你必須和你的顧客營造深刻自然的親密。在京東商城已建立強大扎實的供應鏈之處，你必須打造更令人喜愛而信服的價值鏈，將顧客置於你所做一切的中心，才能克敵制勝。

依賴與忠誠

頂級掠食者將利用依存的觀念、打造出多數基本消費需求皆須倚賴的生態系統來獲致成功。這是個已經顯露的事實。

也就是說，對地球上其他九九％零售商而言，唯一的救贖之路將是打造深厚的顧客忠誠。在頂級掠食者儼然成為顧客認知的「預設值」之處，你必須成為情感上的預設值。他們擅長零售的科學是他們的事，你必須精通零售的藝術。

最重要的一點，在各類別偌大的市場中心都被頂級掠食者霸占的情況下，**所有**品牌，不管賣些什麼，現在都必須重新思考、重新建立其市場定位。未向顧客展現清晰透明、令人信服的價值主張的公司，已經沒有生存空間了。

但我所謂的定位不是傳統意義的定位。品牌有多種傳統定位模式可以因循。遺憾的是，大部分的傳統模式都無法因應我們在後疫情世界見到的那種極端的市場動能——一小撮全球品牌在全球消費者的生命中取得壓倒性的向心力。

多數商業模式都假設競爭者之間的細微差異可以在市場構成恆久的優勢，我則認為那些日子已經過去了。我們需要一種可能會令某些品牌望之生畏的新架構。那種架構將針對品牌的生存能力進行更嚴格、更精確的石蕊試驗。

目的是新的定位

這裡的「目的」不是指貴公司的使命、願景或價值觀。而是指貴公司最初存在的理由。顧客為什麼需要你的品牌？你的品牌能為顧客的生活增添何種明確的價值？它最終要符合哪種需求？還有最重要的：那個目的足以讓你成為消費者生命裡的**情感預設值**嗎？這些答案取決於品牌能否回答一個更迫切的疑問。

如果你的品牌是解答，那問題是什麼？

品牌本質上是顧客的一種簡稱。品牌提供邀遊選擇汪洋的工具，協助顧客縮小選擇的範圍。理想上，品牌是透過明確回答一個顧客常問的問題來做到這件事。

五十年前，西爾斯是中產階級顧客尋找精品與價值的答案。如今，這個品牌又回答了什麼樣的顧客問題，是為誰而回答？是什麼促使某人放下平板、無視亞馬遜、前往西爾斯百貨或西爾斯網站？我不是特別挑西爾斯來講；這情況適用於大多數品牌。多數品牌賣的東西，我去別的地方都買得到，更糟的是，他們並未提供任何有差別或與眾不同的體驗。一如西爾斯，多數零售業者並未回答哪一個特定的顧客問題。於是，消費者看不見他們了。

因此，對於每一個想在後疫情時代活下來的品牌而言，第一道關鍵障礙就是鑑定出**自己**是哪一個顧客問題明確無疑的解答。不找出來，品牌就無立足之地。

如果無法回答這個最根本的問題，再多的顧客區隔或市場分析都幫不了你。在後疫情的地景，亞馬遜、阿里巴巴、京東商城、沃爾瑪將是這個消費者問題不斷擴充的答案：「我到底可以在哪裡又快又便宜地買到東西？」如此一來，市場將沒有什麼空間給價值模糊或隱晦的品牌了。

■ 十種零售原型

所以，我再問一次，如果你的品牌是解答，那問題會是什麼？

十種零售原型

為幫助你思考，我相信在疫情過後，至少會有十個歷久彌新的關鍵問題，是顧客將持續尋找答案的。那些問題，頂級掠食者和迷你商場可能**不會**是解答。成為其中某個問題的明確解答，品牌不僅可以在它的類別裡凸顯自己；如果品牌夠聰明，這也是贏得豐厚營收和利潤的機會。

我不會以抽象的理論思考這些問題，而是將它們嵌入我心目中十種對應的獨特零售原型之中。每一種原型不僅代表一種明確且容易理解的市場定位，也直接呼應一個合理且常被問起的顧客問題。最後，每一種原型也指引一個方向：要加以落實，賦予活力，必須將營運的重心擺在那裡。

在你細讀這些原型時，不妨問問自己，哪一種（如果有的話）聽起來最像你的品牌。

說故事的人
問題：哪個品牌令我深受鼓舞？

場景是一條漫長、荒涼的公路，襯著遼闊的穹蒼，往地平線無盡延伸。只聽見蚱蜢發出的白噪音，和微弱、有節奏的腳步聲劃過路面。遠方，熱氣從馬路蒸上來，一個人緩慢但穩定地進入畫面。旁白聲音傳來：「偉大，是我們捏造的東西。不知怎地，我們相信偉大是一份禮物。是保留給少數菁英、給天才、給超級巨星的。我們其他人只能站在旁邊看。這些，都可以拋諸腦後了。」

現在這個人完全進入視線，原來是個年輕小夥子，明顯過重，英勇地面對他的挑戰──繼續前進的挑戰。這個場景以這段敘述做總結：「偉大不是某種罕見的 DNA 序列，不是什麼珍貴的物品。偉大其實就如呼吸一般，我們全都辦得到。全都可以。」最後，影片以一個簡單的平面設計收場，寫著：「Nike」（耐吉）和「Find Your Greatness」（成就你的偉大）。[2]

這段影片，耐吉「成就你的偉大」活動的第一集在二〇一二年七月二十七日首播，主角是來自俄亥俄州倫敦市的年輕人納珊・索瑞爾（Nathan Sorrell）。就算你只剩一點點人性，也不可能看完這段影片而不情緒激昂。你感覺得到這個孩子的痛，體會得出他做這件事情需要多大的體力和決心。人人生命中都曾有過必須召喚勇氣克服萬難的時刻，都曾有過靠著堅定不移、不屈不撓而獲得勝利的時刻。

多數品牌都投入行銷來推廣商品。但很少品牌用故事吸引我們、打動我們、鼓舞我們。而做到這件事的品牌，都是透過說故事強大的力量做到的。

「說故事的零售商」皆已在自己的類別裡變得極具代表性，甚至越過了類別的界線。說故事的人已貼近一種理想、一種運動、一種人類的抱負，與顧客深深連結在一起，並提供沃土孕育豐富多變的內容和跨越通路的體驗。

耐吉就是這樣的品牌。

「Just Do It」（做就對了）不只是品牌口號。它是一個理念，透過這樣的理念，有關人類表現的故事可以一致、一貫地訴說。這是一句戰鬥的呼喊。不久前，耐吉對前 NFL（國家美式足球聯盟）四分衛柯林·卡佩尼克（Colin Kaepernick）單膝下跪、拒唱國歌的抗議舉動表示肯定，已成為另一支文化避雷針，固然引發不少爭議和辯論，最終卻促成對耐吉品牌更高層次的忠誠。

事實上，耐吉就是品牌說故事的個案研究。

分開來看，耐吉品牌的故事多半依循一種非常古典的模式，使用一種希臘神話就有的構思。首先，一定有個主人翁，起身實現某個目標或征服的主角。一路上，他將遭遇看似無法克服的艱難險阻。半途而廢、接受失敗或許更為容易，但這位主人翁卻深掘出卓然超凡的勇氣和力量來克服阻礙。這位主角是運動明星，或像你我這樣的凡人無關緊要；這個故事是突破逆境、展現品格和人類意志力來衝過終點線的故事——隱喻也好，寫實也好。每一篇故事傳達的寓意，不論是已成經典的「Just Do It」，或較近期的「Believe in something. Even if it means sacrificing Everything」（堅定信念，就算那會讓你犧牲一切）都是人人能心領神會的理念。那些全都來自古典希臘神話，也全都發揮效用。

耐吉一路走來不斷創造豐富、動人、深植顧客心中的故事情節。每當寫出一個故事，公司就會召募參與者讓它成真。例如在激勵人心的「失敗」（Failure）故事中，麥可·喬丹（Michael Jordan）細數他在邁向成功的路上克服了多少失策和缺點，接著故事透過所有接觸點（touchpoint）加以彰顯，邀請顧客在線上及線外的每一個接觸點成為故事中的角色。

▌ 上海一家耐吉專賣店就是該品牌聚焦於空間營造的範例。這些空間已成為市
場裡至關重要的說故事之處，和獲取顧客的地點

　　這裡的重點在於，身為品牌和零售商的耐吉，做的不是賣鞋的生意。它
是在做人類表現、堅忍與成就的生意。那是截然不同的概念，對競爭對手來
說，那遠比一雙鞋難以拆解模仿。

　　這不是說，「說故事的人」的產品品質和績效並不重要。那些絕對重要。
差別在於，對於說故事的品牌來說，產品是日常事務，不會占據所有心思。
最重要的是品牌在市場裡訴說的故事要一直更新、改寫、重塑，來維持與顧
客的連結。顧客買的是故事。產品只是人造加工物罷了。

　　對說故事的人來說，實體店面已成為訴說這些迷人故事的舞台和畫室。
商店，不論線上或線下，目標都是吸引顧客進入那些故事，藉此締結一段長
期、持久、可跨越所有通路及格式上演的良緣。

社運人士
問題：哪個品牌符合我的價值觀？

　　二〇一一年，美國零售市場仍在經濟大衰退的連帶損害中搖搖晃晃。零售業的銷售固然穩定復甦，仍未達到崩潰前的水準，多數零售商仍感覺得到餘威。到黑色星期五那天——零售業的聖日——由於利害關係重大，各行各業的零售商在所有媒體通路你推我擠吸引顧客注意，爭奪最重要的：銷售。

　　就在同一天——在市場喧囂與焦躁不安之中——另一家公司在《紐約時報》登了全版廣告。版面設計簡單、樸實、切中要點：一個置中圖像。一件夾克。上方以粗黑印刷體醒目地寫著：「別買這件夾克。」如果這還不夠瘋狂，這幅廣告還加了兩欄文字詳述該品牌販售的商品對環境造成的衝擊，不

▌巴塔哥尼亞的「別買這件夾克」廣告展現該品牌重視環境保護的承諾

鼓勵顧客多買；它甚至提到本身已設立二手商場，提供顧客購買新產品以外的替代選項。

這幅已然成為零售業一頁傳奇的廣告是戶外服飾品牌巴塔哥尼亞（Patagonia）刊登的，目的在吸引讀者注意它的「同針共線」（Common Threads）倡議。那項倡議旨在教育民眾人類消費對環境的衝擊，強調就算巴塔哥尼亞已採用低衝擊原料與高製造標準，產品仍會產生廢料、仍會排放二氧化碳、最終仍會變成垃圾。要真正反轉氣候變遷的衝擊，廣告宣稱，唯一的途徑是減少消費。少買一點、能修就修、穿久一點。最後，該公司引導顧客上巴塔哥尼亞在 eBay 的店面：店裡只有欲轉售的二手巴塔哥尼亞品項，其他什麼都沒有。

具有如此明確的信念，以及——讓我們正視事實——做這種事情的膽量，已鞏固巴塔哥尼亞「社運零售商」的地位。

巴塔哥尼亞在一九七三年由攀岩教練伊方・修納（Yvon Chouin-ard）創立，已經發展為全球企業，截至二〇一八年，年均銷售約十億美元的商品，穩居全球戶外成衣品牌龍頭，能贏得這個地位，是因為巴塔哥尼亞將社會責任烙入公司每一次行動、每一個反應之中。

自一九八五年以來，不論獲利與否，該公司都會把年銷售額的一％直接捐給環境組織。透過這個承諾，巴塔哥尼亞至今已籌得超過兩億五千萬美元。

二〇一七年，該公司和霍比部落（Hopi Tribe）、納瓦霍國（Navajo Nation）、猶特印地安人部落（Ute Indian Tribe）、猶特山猶特部落（Ute Mountain Ute Tribe）及蘇尼普韋布洛印地安人（Pueblo of Zuni）一起控告川普政府縮減熊耳（Bears Ears）及大階梯—埃斯卡蘭特（Grand Staircase–Escalante）等兩大代表性國家紀念區（National Monument）的範圍，聲稱政府縮減不為其他，就是為了滿足煤礦、石油、鈾礦生產者的欲望。[3]

二〇一九年，新冠肺炎疫情爆發前，巴塔哥尼亞在科羅拉多州博爾德市推出快閃概念的舊衣店（Worn Wear），以轉售二手巴塔哥尼亞商品為主。

同一年，巴塔哥尼亞在倫敦中區開了「行動奏效咖啡館」（Action Works Café）。該公司原本就設有「行動奏效」數位平台作為連結顧客和在地環境行動團體的網路社群，這間咖啡館可說是平台的擴充，形同孕育氣候行動的社區訓練站和活動空間。

但改寫已故籃球教練約翰・伍登（John Wooden）的話，你的品格的真正考驗，是你在沒人注意時的所作所為。一如台前，巴塔哥尼亞在幕後同樣為其理念盡心盡力。該公司致力在二〇二五年以前達到碳中和——意指它將捕獲、減輕、消除其供應鏈產生的二氧化碳。同一時間，它也致力僅在其成衣產品裡使用永續性或回收利用的原料。而這些只是該公司所採取一系列行動中的兩項創舉而已。

最不可思議的或許是這個事實：巴塔哥尼亞不僅雇用和品牌有同樣理想、同樣熱愛自然世界而積極從事社運的員工，如果這些員工（及他們的夥伴）在和平抗爭期間被捕，公司也會保釋他們。公司還會支付員工的訴訟費用，以及走法律程序期間的薪資。

就像巴塔哥尼亞，「社運零售商」不僅支持理念，更把理念直接融入產品、供應鏈、價值鏈和獲利模式之中。他們會將每一次交流、每一次體驗的接觸點對準理念的北極星，向顧客證明他們不只是本身類別的佼佼者，更是社會或環境運動的領導者。顧客和員工會因為自己在道德上認同那種理念而選擇「社運零售商」。

巴塔哥尼亞是「社運零售商」或許不足為奇，但企業的社會責任竟能轉化為如此強大的獲利能力，或許就令人驚訝了。而二〇一八年，顧問公司IO永續組織（IO Sustainability）與巴布森大學（Babson College）審閱兩百多項以企業社會責任為題的研究後判定：採用整合策略、承擔社會責任的公司，財務成果遠優於缺乏這種承諾的公司。

前者取得的優勢包括銷售收入高於市場二〇％、大幅降低人員流動率（巴塔哥尼亞的流動率只有四％）、股價最多上漲六％，品牌股息最多達市值的一一％。[4]

不過，凸顯差異很重要。承擔社會責任有兩套截然不同的做法：表面與實質。表面是公司純粹為財務獲利、品牌認知或避免公眾輕蔑而投入社會責任。實質則是指，對某項理念或使命的奉獻是公司生命的核心，是源於一股想要促成正向改變的誠摯渴望，也嵌入營運的每一個層面。巴塔哥尼亞和像它這樣的零售商都體現了後者。

其他廣獲認可的「社運品牌」包括堅決反對虐待動物的美體小舖（The Body Shop）；勇於挑戰種族不正義的班傑利公司（Ben and Jerry）；以及堅定批判槍枝暴力和氣候變遷等議題的 Levi's。事實上，在疫情爆發前績效格外搶眼的 Levi's，就將其近年來的成就歸功於本身對社會運動的支持。

品味開創者
問題：我在哪裡可以找到最新最酷的東西？

鄰里用品店——自稱「未來的百貨公司」的新創零售概念店——第一家店面設於德州。這裡的反諷在於，德州也是傑西潘尼百貨的家鄉。

傑西潘尼曾是美國最大的連鎖百貨之一，在全盛時期曾於全美各地擁有兩千多家店。它提供購物者琳琅滿目的商品，儼然成為中產階級消費者生活的配備。那時顧客的品味和時尚感，都以百貨公司馬首是瞻。但在當今世界，顧客已掙脫桎梏，可自由接觸想像得到的一切事物，這種優勢就不復存在了

——最好的證明莫過於傑西潘尼難逃崩潰命運，在二〇二〇年五月十五日宣布破產。

二〇一七年，在德州中心最深處，鄰里用品店創辦人麥特・亞歷山大（Matt Alexander）著手重新創造曾由傑西潘尼和其他公司定義的通路。

我第一次和亞歷山大講到話是二〇一八年他準備在普萊諾（Plano，距達拉斯二十五分鐘車程的城市）開設第一家店面的時候。留著時髦的鬍子，穿著街頭風的 T 恤，亞歷山大看來在錄音室會比零售業的會議室自在。但交談沒多久，顯而易見地，這位英國出生的年輕連續創業家是玩真的。

我很納悶，在新聞頭條淨是實體零售已死、亞馬遜和阿里巴巴等公司稱霸的時候，是什麼鼓舞一位年輕創業家下那麼大的賭注在實體店呢？

> 我們一起談了要做些什麼來協助更多數位原生顧客品牌打入實體零售，以及如何降低進入門檻，如何創造全新的零售體驗。我們的核心論點是表面上建立一種新形態的百貨公司，但不是陳列固定貨架和季節性產品，而是凸顯這種不斷改變、由不同品牌構成的風景和品牌活化，產品來自形形色色的公司，不只是眾多直接面對消費者的公司。[5]

亞歷山大了解民眾對實體零售空間的態度一直在變。品牌，特別是數位原生和直接面對消費者的品牌，正逐漸不再將實體展現視為銷售成本，而是一種有效的行銷費用。據亞歷山大的說法，「透過那面稜鏡，很多人開始對實體空間能做什麼有不同想法。」

聽亞歷山大敘述那項計畫，我覺得鄰里用品店巧妙融合了數種在過去十年間興起的概念：像「店面」（Storefront）之類的新創公司，早在二〇一三年就開始提供快閃空間給新興品牌，打亂了商業租賃市場；由瑞秋・謝赫曼（Rachel Shechtman）設立的「故事」（Story）是只在紐約市設立一間店面的實驗性零售店，而謝赫曼正是這種概念的早期創新者：零售不只是每平方英尺能賣多少東西，更是品牌的媒體通路；此外還有其他各式各樣的新創公司發展這個概念：零售實為珍貴顧客資料的捕獲點，亦能將消費者與商品的互動轉換成現金──搭配實體零售作為平台，品牌便可放心訴說自己的故事，而不必擔心經營零售事業的煩惱或費用。鄰里用品店結合了上述每一種概念的所有層面。

　　面積不到一萬四千平方英尺，鄰里用品店同時展現四十多種各類商品的品牌活化與建置。店裡也有一家餐廳，白天供應輕食咖啡，晚上供應調酒。

▌鄰里用品店設在紐約市的店面提供各式各樣的新興品牌及直接面對消費者的品牌，讓購物者盡情發掘

在這個空間裡的任何物品幾乎都可以購買，從餐廳裡的餐具到幫你做餐的廚具也不例外。

最重要的是，亞歷山大說，鄰里用品店設計成一個宜人的社交空間，讓人們可以舒服愜意地消磨時光。除了店裡的設計美學，這也和他雇用的員工關係密切：「我們人手充裕，而且有非常扎實的美學指導方針和標準。所以那感覺起來非常一致且一貫。員工訓練有素，而且親切好客，因此對他們代表的品牌瞭若指掌，都能侃侃而談。」

亞歷山大形容這種營收模式是有彈性的，視品牌夥伴而定。他說，某些例子由品牌每月支付固定服務費。人員配置、資料存取和所有必需的銷售費用，都由這筆錢支應。鄰里用品店負責所有技術和交易。品牌可以租用空間三十天到十二個月。

亞歷山大指出，另一種模式則比較受一些公司引進來「試飛」的年輕品牌歡迎。儘管提供同樣水準的經驗支援，鄰里用品店卻收比較少的服務費，另收某個百分比的銷售額。據亞歷山大表示，這個百分比「仍比他們如果試著在百貨公司做快閃櫃就得整筆支出的金額低很多，但對我們仍是實在的收入來源。」[6]另外，亞歷山大說，透過電商平台和餐廳服務，該公司還有其他收入來源。「對我們來說，這證明是相當負責任的模式，」他說。「如果你從傳統零售不動產的觀點來看，這種模式有非常積極的回收期和非常強勁的每平方英尺銷售額，符合各種核心標準，可以轉變成相當不錯的獲利模式。」

在我第一次和亞歷山大對談差不多整整兩年後，他在紐約市指標性的雀兒喜市場（Chelsea Market）開了第二家店。過了一個月又幾天，紐約封城了。我在二○二○年六月和亞歷山大聯繫，以為會發現他跟其他許多零售業者一樣，被一連串事件壓垮，但他告訴我，該公司當前的數位銷售好得超乎預期。在哀鴻遍野的零售世界，他是稀有的樂觀之聲。

　　除了經濟價值，按照定義，鄰里用品店的商業模式也讓它成為「開創品味的零售商」。開創品味的零售商會從無數新潮、獨特或剛嶄露頭角的品牌中仔細篩選，加以展售，創造讓顧客發現的契機。誠如安霍創投（Andreessen Horowitz）合夥人班乃迪克・伊凡斯（Benedict Evans）所言：「你在紐約買得到的東西，上網都買得到，但網際網路無法讓你用你在紐約購物的方式購物。」[7] 這種透過仔細展售和商品分類實現的「發掘的樂趣」，會為眼光更敏銳的購物者提供價值。

　　品味開創者的商業模式可能有無數種運作方式，從傳統的批發、像威廉索諾瑪（Williams Sonoma）那樣的零售模式，到像鄰里用品店那樣資本較低、把零售視為服務或媒體的模式，不一而足。

　　本質上，品味開創者會把選擇的汪洋歸納成一個獨特而經過審慎編輯的觀點，一個顧客知道可以信任的觀點。

藝術家
問題：我在哪裡可以享受到最佳體驗？

　　「我們甚至沒有賣出那麼多玩具，」紐約市最獨特的玩具店「營地」的創辦人班・考夫曼（Ben Kaufman）告訴我。[8] 事實上，據考夫曼表示，該公司只有大約四分之一的營收來自玩具銷售。雖然他避開了玩具店的標籤，你仍不由得想，「營地」正是玩具反斗城（Toys"R"Us）該開也開得起來的那種玩具店——考夫曼隨即闡明這件事。他說：「玩具反斗城回答了這個問題：我們可以去哪裡買玩具？〔而〕我們回答的問題是，我們今天要做什麼？而如果是這個問題，答案就毫無限制了。」

　　當時是二○一八年夏季。考夫曼（前 Buzzfeed 行銷主管）夫婦和他們十八個月大的兒子住在紐約市。不過兩個月前，玩具反斗城才宣布破產，而這讓考夫曼有所覺悟。「我明白這座城市真的沒剩什麼地方可以買玩具了，」他說。另外他也了解，紐約市真的沒有爸媽可以常跟小孩痛快玩樂的地方了。

考夫曼告訴我，開「營地」的靈感來自這個問題：「你可以怎麼打造一種儀式般的經驗來抓住一家人的心？不只是孩子，而是一家大小，你要怎麼營造一個歡樂的互動環境呢？」可比作遊樂界的星巴克？

於是，他著手在紐約第五大道上建立營地。

親自走一遭，便可印證考夫曼所言：這不是一家傳統玩具店。事實上，店裡只有二〇％的空間給傳統零售使用。其餘八〇％就是考夫曼及團隊所謂，給孩子及家人的「黑盒子」體驗劇場。「在我們所稱『魔法門』（Magic Door）後面，是我們打造的一切，那是一種會輪替的主題式體驗，大約每季更換一次，而主題通常由品牌贊助。」

除了玩具，這家店也販售服飾、禮物和食物，以及給父母和祖父母的產品。「你的孩子離開時會帶的玩具只是我們一小部分的焦點，」他說。除了商品，營地還有兩大營收來源。公司會在店裡舉辦售票活動，而如前文所述，這些活動也能營造精緻的主題式體驗，各品牌也可以出錢贊助。

「營地」最令人好奇的或許是考夫曼組織起來實現這些主題式體驗的團隊。「我們的團隊是劇場出身，」考夫曼說。他指出，經驗豐富的設計師帶著百老匯的背景來到營地，有些人曾為《漢密爾頓》（Hamilton）等戲劇演出製作過布景。成果顯著。

我在二〇二〇年元月親自造訪營地。我得承認，就連像我這樣的成年人，都有點迫不及待地踏過那扇秘密門，進入奇幻的「舞台」──考夫曼這麼叫它。在和考夫曼交談時，曾在劇場工作好幾年的我不由得注意到，他和他的團隊運用的創意過程，簡直和戲劇的製作團隊如出一轍：

我們會寫一個故事。那就是我們設計這些體驗的方式。我們有一條
貫穿店裡的直線路徑。你打開魔法門，我們已搭好舞台。如果是烹
飪營，你會穿過冰箱的布景，來到田裡，看食物是怎麼從田裡一路
轉變成桌上的食物。

故事一寫好，營地團隊便會開始構思可以在活動的哪些點配置哪些種類
的商品。考夫曼指出，每一個故事都有孩子可依照脈絡拿各種產品參與的遊
戲時刻。

有意也好，無心也罷，考夫曼的做法就是在創造我所謂的「藝術家品
牌」。

▎營地在紐約市第五大道的店面有面積一千兩百平方英尺的玩具店和八千五百
平方英尺的黑盒子體驗劇場，供孩子與家人同樂

　　「藝術家零售商」銷售的產品通常和其他零售商大同小異，甚至一模一樣，但透過創意、設計及舞台技藝，他們創造了獨樹一格、引人入勝且具娛樂效果的產品體驗，順勢讓零售商在消費者心目中贏得清楚的定位。基於顧客在線上及線外的體驗，他們成為與眾不同的零售商。在許多例子，比如營地，藝術家零售商不只能銷售產品，還能透過入場費或品牌贊助，把體驗本身兌換成現金。藝術家零售商的心態截然不同，因為它一開始的焦點不是擺在銷售產品，而是設計體驗。事實上，體驗本身**就是**商品。商品成了某種紀念品，這次體驗的印記。

　　考夫曼這麼說：

> 我們最大的資產是有一群常來聽我們分享訊息的聽眾。如果我回想
> 起在 Buzzfeed 的日子，我們有一群反覆前來的聽眾，想要聆聽我們
> 分享的故事，而那就是媒體事業。

　　這不是說賣東西不重要。賣東西當然重要，但不是該全神貫注的事。「當然，我們也做買賣，而那非常珍貴，」考夫曼說：「但我們的品牌排在另一品牌後面的事實，應該比我們賣某某東西可以有五〇％利潤的事實更重要。」

　　在我造訪營地商店約一個月後，紐約市便進入封城狀態──對任一個新成立、需要密切接觸（high-touch）、體驗型的零售業者來說都是夢魘一場。但考夫曼和營地團隊卻幾乎無縫接軌，順利將其價值主張轉為數位。「團隊有位成員說：『過虛擬生日怎麼樣？』於是我們查閱我們的資料庫，了解每天都有六、七十個孩子在慶祝生日。所以我們開始主辦虛擬生日。頭三個月，我們已經慶祝了數千個孩子的生日。接下來，我們開始銷售數位生日的贊助權利、繼續做我們在做的事，也就是你打造了一批觀眾，然後銷售合作

關係，讓品牌得以運用那批觀眾。」此舉引起另一家公司——沃爾瑪——的興趣，於是，七月時，「沃爾瑪營地」（Camp by Walmart）上路了。

「幾乎每個孩子都會參加數位夏令營，但那些都是同一種玩意兒——可下載的 PDF，列出你可以和家人一起做的事，」考夫曼說。「但對我們來說，那感覺不夠吸引人而不足以成為品牌。所以我們和互動影音公司 Echo 及沃爾瑪合作創立有互動式影音活動的虛擬夏令營。每一項活動都有搭產品，點一下就可以購買。」

再一次，透過著眼於提供體驗而非實體商品，營地能夠迅速將其價值主張轉化為可以透過網路傳達和兌換成現金的事物。

我問考夫曼是否認為目前的零售商都可以轉型為體驗式零售。想了一會兒，他回答：老派零售業者難以改變設計方面的思維，主因是衡量成功的標準過時了：

> 過去這種例子屢見不鮮。零售商開了一堆臭鼬工廠（Skunk Works）*
> 、未來店和創新實驗室，但一旦壓力臨頭，公司就會用測量核心事
> 業的標準來測量那些創舉，但橘子和蘋果是不能放在一起比的。因
> 為他們沒辦法量化酷的東西，酷的東西就沒辦法在那裡存活下去。

我問考夫曼怎麼看待零售業的未來，他既悲觀又滿懷希望：「我認為除了世界各地的沃爾瑪等級和提供必需服務的業者，沒有很多現任零售商能夠倖存，」他說。「有許多空出來的房地產，又沒那麼多競爭對手，最終你會

---

* 【譯者註】為洛克希德馬丁公司（Lockheed Martin）高級開發計畫（Advanced Development Programs）的官方代稱，始於一九四三年，主要進行秘密研究計畫，研發出該公司許多著名的軍機。

得到機會。」然後他的語氣變得更加樂觀：「在最高的層次，零售會從日用品生意轉變成更娛樂取向、更著重發現而非交易的事業。我等不及了。」

考夫曼和其他一些真正藝術家品牌都已認清，取得商品已不再是顧客的核心要務。他們真正渴望的是精彩、設計出色而難忘的體驗，也會答謝那些有創意、有技術來提供那些體驗的公司，而且賞金非常豐厚。

千里眼
問題：誰最了解我？

「當我打開『Stitch Fix』的箱子，穿上那條牛仔褲，我感受到那股夾雜歡欣鼓舞和焦慮不安的現代情緒，覺得完全被演算法逮住了，就像 Spotify 放了一首悅耳動聽的新藍調進我的特選組合裡那樣。」[9]《快公司》（*Fast Company*）記者羅倫・史邁利（Lauren Smiley）這麼形容第一次從數位成衣商 Stitch Fix 訂購「Fix」箱的經驗。

二〇一一年由哈佛商學院畢業生卡崔娜・雷克（Katrina Lake）設立，Stitch Fix 是全球獲利最高、也備受矚目的數位原生公司之一。事實上，該公司從二〇一四年就開始獲利，到二〇一九年淨利已達到三千六百九十萬美元。[10]

Stitch Fix 的概念很簡單。顧客的第一步是完成一份巨細靡遺的調查，讓 Stitch Fix 可以估計你的身形、判斷你的風格喜好。接著，該公司會運用一套獨一無二、結合資料科學、機器學習與三千九百位真人時裝設計師的系統，開始寄你的成衣箱，即他們所稱的「fix」給你。你可以把喜歡的留下來，不喜歡的退回去，該公司便會運用那些留／退資料精進它預測你下一件「fix」的能力。每一件成功的「fix」都更貼近你的個人風格。

該公司目前有超過三百萬名活躍顧客，在平台上提供七百多個品牌。[11]

▌像 Stitch Fix 這樣的千里眼品牌會不斷琢磨他們對消費者的了解來預判消費者的需求

　　不過，Stitch Fix 骨子裡不是零售商——至少不是傳統意義的零售商。它是數據公司。在 Stitch Fix，數據是一切事物的動力，從每一件衣物的描述和實際特徵到顧客推薦都是如此。就連公司本身的採購限額計畫（open-to-buy）和刺激再購因素（rebuying trigger）也是由演算法通知，讓 Stitch Fix 能夠不斷達成遠高於業界平均的存貨周轉率。據雷克表示：「我們並非把資料科學融入我們的文化；它**就是**我們的文化。我們一開始就把它當成事業的核心，而非把它加進某個傳統組織架構之中；我們是針對每一個客戶、每一項客戶需求建立演算系統。」[12]

　　什麼都是演算法，而一天天吃到愈多數據，演算法就一天天愈精確。因此，各種回饋迴路——例如「曳步舞」（Style Shuffle），一項內建在公司應用程式中、請顧客每天迅速評價一些服裝品項圖像的微觀調查——賦予公司極佳的洞察力來預測顧客的喜好。

在許多零售業者連需不需要聘用一位資料科學家都要考慮再三之際，Stitch Fix 雇用了八十位，其中許多是神經科學、數學、統計學和天體物理學等領域的博士。就是這種以資料運用作為事業骨幹的精神，讓 Stitch Fix 成為「千里眼零售商」的最高典範。

千里眼零售商是運用科技和／或人類直覺來預測顧客需求、喜好與嚮往的零售商。不同於僅狹隘地依據顧客已經購買的東西來進行隱性推薦的品牌，千里眼零售商會基於資料分享的前提和顧客建立開放式關係，因此得以準確預判顧客需求。顧客提供的資訊愈多，推薦就愈準確，繼而促使顧客提供更多資訊。結果便形成一個良性循環，顧客獲得更多價值，品牌贏得更高的營收和忠誠。

門房
問題：我在哪裡可以得到最高品質的服務？

零售業有個觀念是：真正傳奇性的服務都是在奢侈品範疇，或起碼較高檔的零售品牌。分析師一貫指出，有奢侈品銷售的豐厚利潤，才可能有那種薪資水準和員工訓練來提供史詩級的服務經驗。確實如此，在討論絕佳顧客服務時，諾德斯特龍、古馳、麗思卡爾頓酒店（Ritz-Carlton）和其他類似品牌，都極具代表性。

還有個觀念是，絕佳的顧客服務，就定義而言，需要密切接觸與全力投入。這也可能是事實。例如蘋果的店面就將員工與購物者的比例維持在一比五來保證每名顧客都有人員能就近協助。古馳也有類似的人力配置：銷售員絕對不會離開現場去庫房取貨。那是**店面跑者**（store runner），他們的職責就是拿取商品給銷售人員。

因此，當我們想到絕佳的服務時，這些品牌會率先浮現腦海。但有一種不同的顧客服務形式違背了這兩項公理。有一種顧客服務幾乎是肉眼見不到的，也是讓好市多的成就歷久不衰的服務方式。

如果你去好市多買過東西，你可能會想：「等等，好市多明明就是那種完全不提供**任何**顧客服務的貨棧式零售店啊。」你說到重點了。好市多的顧客服務好到你根本感覺不到它的存在。它的模式推翻了絕佳服務需要密切接觸或得到高利潤銷售挹注的觀念。

事實上，不同於諾德斯特龍和其他許多零售商，好市多靠銷售商品賺的很少。各家估計不一，但多數分析師同意，好市多銷售商品的毛利率約在

▌諾德斯特龍已成為傳奇性服務的同義詞

八％到一二％之間，[13] 與其他零售商動輒三〇到五〇％的毛利相差甚遠。該公司的主要營收來自銷售會員資格及更重要的**續約**：目前全球至少有九千七百萬名會員。[14]

這種營收模式絕對需要傑出的顧客服務。為什麼？首先，要讓營運有利可圖，好市多必須設法讓店裡維持最高的生產率。顧客流動必須隨時暢通無阻、臻於理想。因此，你在店裡永遠不必繞過堆高機、拖板車，或推銷展售品的員工。永遠不必。那是因為當天所有該做的銷售工作，都在開店前完成了。

你永遠不必問某項商品多少錢，因為所有商品的標價都很清楚，且多半有剛好足夠的資訊讓顧客做務實的購買決策，也不會到複雜或令人困惑的地步。如果某項商品需要示範或試用，好市多通常會請供應商支援店內產品的示範、銷售或試吃等等。

始終如一的店內格局和系統讓全球任一間好市多店面逛起來都很輕鬆。我和太座不管去哪裡旅行，都會毫不遲疑地去好市多買東西，因為我們永遠知道會發生什麼事。門口會有人歡迎我們、檢查我們的會員卡。入口一般會開展成電子商品區，並帶領我們通過主打的特價商品。新鮮食品雜貨在店的後頭，包裝商品排在空間的一側。藥品靠近結帳區，成衣則在場地中央。我們就算蒙住雙眼也可以遨遊好市多。

儘管商品數量驚人，結帳區卻是一部精確調整過的機器。有條不紊的雙人路線讓你能迅速、有效率地付款離開。如果你的會員資格要續約，也可以趁這時候繳錢。

但還有一處有畫龍點睛之效。如果你對你在好市多購買的商品並不完全滿意，一年內隨時可以全額退費。一年！而如果你忘了收據放在哪裡，別著急。好市多有你完整的購買紀錄，查一下就知道了。

在好市多店裡沒有哪個地方會讓你覺得錯綜複雜或違反直覺。該公司並未將店面塞滿不必要的銷售、展示或技術。沒有員工無端拿著平板巡視走道。一個也沒有。好市多只是把簡單的事情執行得淋漓盡致。而萬一你真的需要工作人員幫忙，員工大都熱心助人且友善。那或許跟這個事實有關：好市多店員的平均薪資比沃爾瑪等競爭對手高出不少。

由於品牌經驗如此穩健可靠，好市多的北美會員有超過九成年年續約。歐洲的數字則僅略低於九成。[15] 這是非常了不起的續約率。

我常說，好市多是唯一一家我常去買豬肋排，結果卻帶了豬肋排和獨木舟離開的店。好市多無形但高超的顧客服務會害人有時做出不理性的消費。

因此，諾德斯特龍和好市多，都是我所謂的「門房零售商」。門房零售商殊途同歸，採用截然不同的方式來達成同一目標：卓越的服務。卓越的服務不只是一連串經過學習的步驟，而是有條不紊的執行與優異體驗式設計的產物。

神諭
問題：我在哪裡可以得到最好的忠告？

幾年前，在一趟加州之行，太座買給我一部數位單眼相機。那可以說是我第一部真正的相機。因為我常有點執迷於學習怎麼使用新物品，我發現自己掉入攝影的兔子洞，而任何攝影愛好者都能證明，那真的是個又深又貴的洞。我開始讀文章和部落格、看影片，甚至報名上社區攝影課。我就像海綿，想吸收一切有關攝影的事物。

在這段學習旅途中，一個零售商的名字不斷在網路文章和討論中出現：B&H 攝影器材（B&H Photo Video）。

一九七三年，布林美和赫曼・史萊博（Blimie / Herman Schreiber）在紐約市華倫街（Warren Street）十七號開了一家小型相機店。今天，那

家店已經搬到第九大道，占了三層樓，販售超過四十萬件商品。[16] 被盛讚為
專業攝影師必去之地，這家店已經成為紐約市的代表性機構，但也透過數位
通路服務國際顧客。

　　一進入，你會立刻察覺頭頂上有滾筒輸送帶颼颼作響。B&H 使用威利．
旺卡（Willy Wonka）＊風格的系統來把顧客的訂貨從後頭廣大的執行區送
到前頭等待的收銀員。店裡通常人潮擁擠，從好奇的觀光客到專業攝影師都
有，其中也混雜著不多不少像我這樣心懷熱望的新手。

▋ 支撐 B&H 巨大銷售額的貨棧

＊　【譯者註】威利．旺卡是小說及電影《巧克力冒險工廠》（*Charlie and the Chocolate
　　Factory*）的主角。

簡單地說，這是業餘攝影愛好者的香格里拉。但 B&H 最不同凡響之處或許是，在它屋簷底下的東西，幾乎都可以在別的地方找到更便宜的。它賣的東西，絕大多數是你可以坐在沙發上訂購的——只有一種產品例外：B&H 的專業。

請注意我不是用「產品知識」這個詞。一訪 B&H 網站，就能了解我為什麼做此選擇。不同於許多零售商把員工當成一支毫無組織的「團隊」看待，常用圖庫式的照片加以呈現，B&H 會貼出專家真實的照片和小傳。一眼掃過那些小傳，又能看出另一個顯著的差異。那些員工都是名副其實的專家！

不同於某些電子用品連鎖店，B&H 要找的不是樂於做零售工作而願意學習攝影的人。不是這樣。他們雇用的是願意從事零售工作的專業攝影師。差別在於第一類員工是透過上課來建立產品知識。B&H 員工則是帶來數年的專業工作、酷愛和熱忱。就是這樣的差異創造了根本的競爭優勢。前者只是普通的零售商，後者是我所謂的「神諭零售商」。

神諭零售商不僅提供產品知識，更擢升為所屬領域真正專業的預設選擇。這個差別至關重大。知識是無需經驗也能獲得的東西。我沒去過希臘也能汲取有關希臘諸島的知識。相反地，專業，就無法在缺乏個人經驗之下琢磨了。這個差異在今天比過去更加重要。為什麼？因為，一如其他許多事物，知識在後數位世界已然成為一種商品。二〇一七年一項消費者研究發現，有八三％消費者覺得在購買特定商品時，知識比銷售人員還要豐富。

但專業就只能靠現實生活的經驗來獲得了，而神諭品牌供應的就是這等深厚的專業。懷疑的人或許會指出這個事實：B&H 是獨立一家店。「B&H 或許行得通，」他們會說：「大型連鎖店就不可能了。」

我得承認規模可能是神諭零售商的大敵，因為他們仰賴那種「以稀為貴」的人才庫來支撐他們固有的地位。話雖如此，像是休閒裝備（Recreational Equipment Inc.）和絲夫蘭（Sephora）等大型全國零售商，也大量雇用和培養該類別的愛好者，證明此法確實可行。

任何人都可以在亞馬遜網站上買到相機。但他們在那裡找不到 B&H 提供的專業和指導。

工程師
問題：我可以在哪裡找到設計最好的產品？

一九八三年，嘗試過五千一百二十七種原型，詹姆斯・戴森（James Dyson）做到了。他終於大功告成，設計出一件日後將徹底改變整個消費者類別的產品。

在那五年前，身為設計工程師和發明家的戴森對家裡吸塵器慢慢失去吸

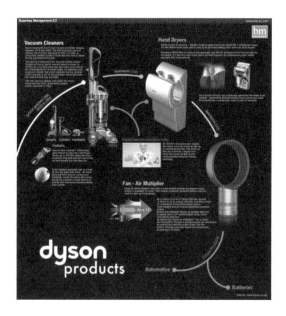

❙ 一幅戴森的廣告顯示該公司密切聚焦於產品工程

力與集塵功能的狀況覺得洩氣。為此，他做了每一個有自尊心的工程師會做的事。他把那該死的東西拆了。而就在他拆解吸塵器的過程中，一個根本的設計瑕疵暴露出來。他發現他的吸塵器的設計，一如自一九○一年吸塵器發明以來所有被製造出來的成品，採用容易阻塞的集塵袋系統。這會使吸力隨時間穩定減弱。可是，他想知道，要怎麼除掉袋子呢？

無巧不巧，當時戴森剛在自己的工廠裡安裝了一座氣旋塔，用來分離和收集空氣中的塗料微粒。他赫然發現，使用同一種氣旋技術，或可重新發明吸塵器的物理學。

二○○二年，戴森帶著第一件產品，Dyson DC07 進入美國市場，那外表獨樹一格，與市場上的其他吸塵器迥然不同。百思買是第一個願意賭一把、介紹這個品牌給美國人認識的零售商。起初，產業的競爭對手不以為意。戴森牌吸塵器的價格比胡佛（Hoover）等競爭品牌整整高出三倍。且多數競爭對手都把吸塵器視為電器家族裡的窮酸表親：骯髒、滿是灰塵的一生，大都在櫥櫃裡度過的棄兒。他們認為戴森的價值主張很古怪。但當時沒什麼人知道的是，戴森已經打贏和胡佛的官司：英國最高法院支持戴森的指控：胡佛侵犯了戴森的「三渦流」（triple vortex）設計專利。兩年後，就在戴森進入美國市場的時候，上訴失敗的胡佛被迫賠償戴森四百萬英鎊。[17]

到同年十月，百思買已經賣出比預期多十倍的 DC07，不久，目標百貨也開始販售 DC07。[18] 他了解一件吸塵器產業不了解的事。戴森看出顧客會欣賞不只功能優異、外表也美觀的電器。而且他們願意付更多錢——遠比平常多——來購買。

目前，戴森於全球雇用近六千位跨各種領域的工程師，[19] 每年在六十五國銷售總值達六十億美元的小家電。從吸塵器、風扇到吹風機和商務專用乾手機，戴森工程掛帥的策略已創造出有利可圖的市場空間。雖然戴森所有產品的價格都比對手高出一截，但它的市場定位已證實獲利豐厚。

　　把戴森的實體空間叫作「商店」是對它們不敬。形容它們是藝廊比較恰當，戴森的產品宛如藝術品一般陳列。戴森給它們取名為「演示店」（Demo Stores）十分貼切——是顧客實際試用戴森產品、親自發掘其設計與效能有何不同的機會。演示店是一座體驗的遊樂場，向該品牌高超的工程與設計能力致敬。

　　像戴森這樣的「工程師零售商」會解決鳥問題。他會用卓越的技術和設計思維解決顧客的問題，那些不僅難倒競爭品牌，也常困住顧客本身的問題。就像沒有人曾開口要求無袋的吸塵器，也很少人看到 iPhone 的需求——直到我們第一次使用，感受到其卓越工程與設計效益的那一刻。不用多久，我們便開始在世界各大城市漏夜紮營排隊，只為有機會搶先拿到一支新上市的 iPhone，哪怕它的要價比當時的黑莓機（Blackberry）貴上一半。

　　工程師零售商不僅把這種思維應用在他們賣的東西，還應用在賣東西的方法上，常採取一種創新、設計主導的方式，透過各種管道提升顧客經驗。組織會將全副心力投注於維繫、展示和傳達產品精妙工程與設計的獨特效益。

守門員
問題：我可以去哪裡買到我需要的產品？

　　你人在購物中心，你知道你需要找一副新鏡架。你查看店面指南，看到三個零售商供應鏡片和鏡架。打算當一個聰明購物者，你決定貨比三家。但到了第三家，你注意到一件事情。三家零售店選擇販售的商品，甚至價格，似乎大同小異。體認到這點，你終於買了你要的東西，並認為這一切純屬巧合。

　　但那很可能不是巧合，而是因為，全球眼鏡業總值一千億美元的市場，有相當高比例是由兩家公司掌控。法國鏡片製造商依視路（Essilor）和義

▍到二〇一九年，Sunglass Hut已織成一張有三千四百二十九家店的零售網

大利鏡架製造商羅薩奧蒂卡（Luxottica）分別掌控了各自市場的四五％和二五％，全球有超過十四億人使用他們的產品。[20]

　　二〇一八年三月，這兩大霸主在美國及歐盟雙雙獲得核准，將合併為一，而雖然這不被認為會創造出狹義的獨占，這次合併仍讓業界一陣震顫。不過這也不是業界第一次感受到震顫。

　　二〇一四年，我應邀在一場加拿大市場的驗光師會議發表談話，那時他們仍對這個消息驚魂未定：他們的主要供應商依視路已在同一年買下Clearly Contacts：僅在網路販售隱形眼鏡的加拿大公司。Clearly（現今的名稱）是護眼專家的直接競爭對手。驗光師覺得自己很快就會被擠出價值鏈，因為Clearly讓顧客得以輸入自己的處方資訊，完全避開視力檢查的需求。驗光師協會尋求協助，努力讓會員熟悉不斷變遷的零售地景、正視網路公司對現狀構成的威脅、建議驗光師該考慮在顧客體驗上做出哪些改變，要反擊就非做不可的改變。這場戰鬥持續至今。

前陣子，依視路羅薩奧蒂卡又開啟談判，欲以八十三億美元購併全球第二大業者 GrandVision，若獲得核准，可望為依視路羅薩奧蒂卡王國增添七萬個配銷點。

面對依視路羅薩奧蒂卡這頭已然形成的巨獸，光學市場的其他公司有辦法同場較勁嗎？或許可以。容易嗎？絕不容易。

像依視路羅薩奧蒂卡這樣的「守門員零售商」會藉各種方式維持地位，包括管制或財務方面的入場障礙。他們通常獨霸一個市場，或集合一小群公司進行寡頭統治。基於明顯的理由，守門員會投入心力於維持品牌周圍的「護城河」。他們會透過各種行動維繫競爭優勢，包括追求合併和購併、買斷授權協議，當然還有遊說政府。由於市占率極大，守門員主要是透過強有力地結合知名度高與配銷便利這兩點來牟利。

但要當任何類別的守門員都免不了這個詛咒：獨霸可能孕育自滿，而守門員常會受到或可委婉地描述為「冷淡的顧客服務體驗」之害。另外，類別裡缺乏競爭也容易使他們拿高得離譜的零售價和漲價來扭曲價格／價值的方程式。因此，儘管他們豎立的競爭障礙能在短期內保護他們，守門員卻常遭到最後一種原型的襲擊：叛徒。

叛徒
問題：誰為我提供這件商品更好的購買方式？

二〇一二年，歐內斯特・加西亞三世（Ernie Garcia III）參加一場在鳳凰城舉辦的批發汽車拍賣會時，一個出奇簡單的念頭閃過腦海——一個日後將改變整個產業的想法。加西亞出身自一個汽車業經驗深厚的家族。他的父親歐內斯特‧加西亞二世曾在二手車市場和金融市場謀生。

當他坐著觀賞那天的二手車拍賣會，加西亞三世發現，交易商都只憑一張綜合規格表就得在幾秒鐘內做出買或不買哪些車的決定，信心滿滿地放下現金交換鑰匙。然而，加西亞想，顧客卻可以花上好幾天，甚至好幾星期來找適合的車子，有時得走訪好幾個經銷商才能找到喜歡的車子。他靈光一閃：兩者唯一顯著的差異是，拍賣會的車商有拿到商品保證；買方知道，如果車子有什麼隱而未顯的問題，他們可以在七天內退貨、全額退款。就是單單這個深刻的差異給他們信心買下一部車，連鑰匙都不必轉。

同樣的情況為什麼不能應用在消費者買車上呢？他很納悶。為什麼二手車的買主不能只憑照片和車況報告決定要不要買、試用七天看看是否滿意呢？加西亞又想到，要是整個過程可以不只輕鬆無痛，甚至充滿樂趣，就可以徹底改革汽車買賣的方式。於是，加瓦那（Carvana）誕生了。

短短五年後，二〇一七年四月，加瓦那首次公開發行。至同年十二月，股價已上漲四六％。今天，加瓦那的市值估計超過三百億美元，年收益達三十九‧四億美元，比去年同期增加超過百分之百。

加瓦那，同類中的「叛徒」，已經永遠改變汽車銷售的過程。

叛徒品牌挑戰某個市場，甚至整個產業現有的零售商。他們鑑定出顛覆賽局、徹底改變售價／價值方程式及／或顧客體驗的創新。他們利用技術、人才、供應鏈的效率和系統性思維來重新定義所選類別中的顧客經驗。藉此，他們常重新定義產業現況，並特別著重在交付和既有業者一樣好的產品時大幅提升顧客經驗。

「叛徒零售商」將所有心力、資源和傳播方面的資產投注於對抗現狀的戰鬥，凸顯同一類別裡目前的顧客經驗有哪些固有缺點、大力宣傳本身獨特的更佳做法。叛徒品牌會凸顯產品或經驗方面的差異，在每個接觸點強化他

▍加瓦那的汽車取貨塔既增添獨特的顧客經驗,也為公司節省運送費用

們簡化或精進過的方式。

選擇你要主宰的原型

　　如果你發現某個原型跟你的事業很像,或你相信你的事業可嚮往成為某種原型,恭喜你。反過來說,如果你發現沒有原型可與你的品牌產生共鳴,就必須加以修正——而且要快。

　　沒有哪一種原型一定比其他原型更好或更長久，而這就是重點所在；它們各不相同，對顧客而言各有各獨特的價值。每一種原型都為一個明確且關係重大的問題提供解答。每一種都是你可以繫住品牌的市場定位。

　　不過，最重要的是，企業必須明確選擇一種原型，致力成為本身類別那種原型的主宰。行銷和營運計畫的每個元素，都必須能用來鞏固那個至關重要的原型定位。

四種價值面向

　　要進一步了解這個模式，可將其分解為四個獨特的操作象限。

　　文化：對一些零售業者來說，他們首要的優勢來源在於有能力向顧客傳播及灌輸其獨特而強大的品牌**文化**。文化其實就是一套為人接受的信仰系

▌ 價值的四個象限

統、習俗和工藝品。我們相信什麼、遵行哪些習俗和儀式，運用哪些物品和符號來代表那些信仰及習俗，就是文化的精髓。要在這個象限占一席之地，零售商就得將文化和價值觀提取出來，嵌入每一個品牌接觸點。以文化為基礎的品牌不只招徠顧客。他們也會吸收追隨者、信徒和門徒。

娛樂： 就其他品牌而言，或許可以主宰**娛樂**範疇，吸引購物者投入身心來場購物之旅，在線上或線下的體驗中融入感官元素。稱霸娛樂象限的零售商會不時為顧客旅程中最細微的面向倍感焦慮，亟欲提供真正獨一無二且引人入勝的經驗，每個地方都不放過。以娛樂為中心的品牌會大量投資創意及設計方面的資源，不斷充實重新想像顧客體驗的工作。對這樣的品牌來說，產品本身是次要的。他們圍繞產品打造的體驗才是第一要務。

專業： 還有些零售商自認可以在本身類別裡披上那件**專業**的斗篷。專業的零售商會把每一個體驗和傳播的接觸點精心打造成一個門戶，讓顧客了解其最高水準的領域知識和門房等級的顧客服務。堪為標竿的訓練方案、認證、研討會、課程、工作坊和其他元素，不斷為渴求知識的顧客供給資訊。專業品牌會大量投資於人員招募、訓練，以及和大眾分享專業所需的工具。科技不是用來壓抑員工，而是用來充實和提升員工的技術、知識和能力。

產品： 最後，有些零售商能主宰市場是因為他們雷射一般地聚焦於創造及銷售美輪美奐、功能卓越的**產品**，且在顧客體驗上也能反映其獨創的精巧設計。產品品牌會大量投資於新穎、優質產品平台之研發及測試。那些品牌也是在這個範疇透過購併或獨占來控制消費者取得特定產品的管道。他們巨大的市占率使其成為消費者的首選。

主宰與差異

如果你已經鑑定出一種你相信與貴公司 DNA 十分契合的原型，那是很棒的第一步。若能成為類別裡的原型主宰，你不只會成為購物者心目中的燈塔，還能打造清晰的羅盤來指引執行團隊。話雖如此，成為原型主宰絕非易事。我所謂的「主宰」是成為模範、具代表性且卓然出眾，而在你的類別或市場取得消費者心目中的預設地位。

然而，光是簡單地選擇原型，尚不足以長久維繫你的品牌——尤其是在後疫情時代競爭不斷演化的衝擊下。這個原型固然提供彌足珍貴的策略性組織焦點，但也只是支撐品牌的一條腿而已。我們想要開創的，是一種穩固牢靠的三條腿結構。

因此，品牌進化的下一步需要你繼續在另外兩個象限凸顯差異。別把凸顯差異誤認為稱霸，凸顯差異的意思就只是凸顯差異：提供獨一無二或與眾不同的東西。

舉個例子，如前文所述，透過將環境理念直接織入商業模式的所有層面，巴塔哥尼亞以社運品牌之姿獨霸一方。於是，相較於同類別的其他業者，巴塔哥尼亞**主宰**了文化象限。

但該公司進一步透過在產品象限**凸顯差異**來鞏固那個地位：供應各種獨特、高品質、更耐穿的商品。其次，巴塔哥尼亞亦著眼於在店裡表現高人一等的專業。如其網站所述：

> 我們也追求……核心的巴塔哥尼亞產品使用者，喜歡盡可能待在山上和野外的人。畢竟，我們是一家戶外用品公司。我們商展攤位上的工作人員，不會是一群身材走樣、穿白襯衫打領帶夾吊帶的傢伙，就像醫生不會讓接待人員在室內抽菸一樣。[21]

藉由在文化象限裡以社運原型之姿稱雄，並於其他兩個操作象限凸顯差異，巴塔哥尼亞成為極具競爭力、非常難以抗衡的魔術方塊。這個融合文化、產品與專業的獨特鍊金術讓競爭對手難以拆解模仿。而儘管巴塔哥尼亞販售的一些商品可以在亞馬遜等頂級掠食者的生態系統中找到，亞馬遜也不大可能在這個類別著力夠深而構成有意義的挑戰。

　　能夠開拓出原型霸主地位、又得到另兩個強大差異點支持的品牌，不僅能在後疫情時代存活，還能在頂級掠食者的夾縫中快快樂樂地營運下去。

|第 6 章|
零售的藝術

美麗的身軀會腐朽，藝術作品永恆不滅。

——達文西（Leonardo da Vinci）

　　所以，要如何實現你的品牌原型呢？你要怎麼打造一個對消費者如此強而有力、饒富意義又彌足珍貴的價值主張，穿透頂級掠食者籠罩的生態系統，釋放消費者，讓他們體驗你名副其實的卓越呢？

　　這場旅程要從認清幾個關鍵的事實著手。第一個是……

每一家公司都是體驗型公司

　　我們都聽過那些慷慨激昂、充斥書本和商業會議的陳腔濫調。眾人告訴我們，未來，「每一家公司都必須是數據公司。」或者：「每一家公司都得自視為傳播媒體。」還有我個人最愛的一句：「每一家公司都必須成為科技公司。」

　　這些熟悉的比喻固然聽來十分迷人，且成為絕佳的會議常談，其實根本是胡說八道。別哄自己或分心聽他們亂講。我不是針對你，但你的品牌十之八九永遠不會成為像亞馬遜那樣的數據公司、阿里巴巴那樣的傳媒公司，或京東商城、沃爾瑪那樣的物流公司。就是不可能。

但每家公司都是某一種公司。不管你知不知情、承不承認、喜不喜歡，每一家公司都是體驗型公司。你賣什麼東西或把東西賣給誰無關緊要，如果你有顧客，而顧客有所體驗，不論是出於偶然或設計的體驗，你都是在做體驗的生意。

體驗也不只是魔法粉。從營收的觀點來看，善於營造顧客體驗的公司，營收也比平均高出四％到八％。在體驗方面勝出的公司，員工往往也敬業得多。[1] 還是不信？不妨想想這個：二〇一八年客戶關係管理公司賽富時（Salesforce）一份報告發現，有八〇％的「顧客表示一家公司提供的體驗和產品服務一般重要」，七六％「說現在要換個地方買東西太容易了。」[2]

這樣有動力了嗎？

因此，第一個，也是最重要的認知是：現今所有零售商天生都是體驗型的零售商。唯一可以爭論的是你要提供何種性質的體驗。

定義體驗

但體驗是什麼？這乍聽之下是個蠢問題，但考慮到我們在市場見到對「體驗型零售商」的詮釋有多五花八門，取得一些共識是值得的。有些人認為服務是體驗的同義詞。有些人把體驗和店面的美學畫上等號，也有人覺得體驗與娛樂價值的關係更為密切。我自認可以提出一個更簡單的定義。

體驗就是內容

基本上，零售體驗就是我們在任何情境接觸到的刺激總和，包含身體、情緒及認知的刺激。我們看到的、摸到的、嘗到的、聽到的、聞到的，以及那些感官讓我們油然而生的感覺，便結合成一種體驗。上述每一種刺激都是內容的要素——不論實體或數位的刺激都是。

　　就像我們經歷的任何事物，一旦接觸到那些內容，身為購物者的我們就會留下印象。內容愈切身、愈慎重、愈強勁、愈吸引感官、愈精心設計，體驗就會愈深入穿透我們的長期記憶，將來我們便愈可能憶起那次體驗，以及提供體驗的品牌。內容愈動人、愈愉快、愈獨特，我們就會愈想要和別人分享。

　　因此，絕佳的體驗就是出色的內容。

　　所以，當我說每一家公司都是體驗型公司的時候，我真正的意思是，每一家公司都是提供內容的公司——如果你目前不是，你必須是，而且沒有時間浪費了。在後疫情世界，「目的」是你的定位，而內容是你推動目的最有效的工具。

體驗的鍊金術

　　說到內容，如果你願意，不妨想像你為公司製作了一段電視廣告，預定在超級盃期間播出。只有一個麻煩。公司裡沒有人可以百分之百確定廣告是何模樣。這是因為你沒有費心編寫腳本。另外，演員也找得倉卒，沒有充分考慮他們是否有能力代表品牌。還有，布景也搭得亂七八糟，製作團隊甚至沒聽過簡報。然而，你的廣告即將要在中場黃金時段對數千萬觀眾播出。你的手心冒汗了嗎？

　　當然，會讀這本書的人絕對不會冒這麼大的險。畢竟，面臨存亡關頭的是你的品牌，對吧？這是會有好幾百萬人看到的東西，誰不會小心建構、執行這麼重要的品牌印象呢？

　　但每一天，世界各地，品牌開店營業，卻把顧客將在店裡擁有的體驗交給運氣。他們猛力推開門，對於自己即將呈現什麼樣的演出，卻只有朦朧的理解。每一天，連續好幾個鐘頭，各家公司——不管他們承不承認——都在為品牌打活廣告。最終會影響品牌認知、銷售和獲利能力的廣告。而沒有人真的知道那種廣告該是何種面貌。

就像任何出色的內容，你的品牌提供給顧客的體驗必須經過精心策畫、依照某種設計來營造。正如莎士比亞的《哈姆雷特》（Hamlet）不是把一堆毫不相干的文字塞在一起，絕佳的經驗也不是一連串亂無章法的輸入和行動。你的品牌要帶給顧客的體驗，必須視為仔細籌備的表演藝術一般對待。

數十年來，從亞洲到北美，從澳洲到冰島，我走遍各地研究及營造顧客體驗，因而能將絕佳顧客體驗的冶金術提煉成幾個關鍵原則。第一個，或許也是其中最基本的是，絕佳的顧客體驗完全是刻意營造的。沒有任何留給機運或詮釋的空間。

第二個原則：絕佳的體驗是為小事煞費苦心的成果。在這場顧客跟隨品牌的旅途上，時時刻刻、分分秒秒，都要詳加計畫。體驗的每一個層面都要清楚定義、明確設計。營造絕佳體驗的品牌不只是訓練員工執行與顧客體驗有關的機械式步驟，他們會反覆練習、再三排練、把每個步驟執行得盡善盡美，臻於精通的境界。

最重要的是，我判定出色的體驗擁有五個關鍵特性。我們說的是飯店裡、鞋店裡或銀行裡的絕佳體驗無關緊要。我已經發現，真正令人難忘的體驗包含下列所有或大部分的元素。

絕佳的體驗……

出人意表

絕佳的體驗一定含有「意外」的元素：體驗過程中，一定有某件令人驚喜的事情發生。

例如，在阿里巴巴的盒馬鮮生店裡，有許多你在一般超市絕對看不到的東西。首先，店裡每個品項都可以掃描，購物者可以用行動裝置蒐集有關品項新鮮度、來源和原料等資訊。或者，如果喜歡，他們也可以在掃描後於網路下單配送。在顧客購物的同時，網路訂單會由店內一群員工四處揀貨。貨品會咻咻送上天花板，運送到店後準備出貨。購物者也可以挑選店內生鮮食材送去料理，移駕至店內咖啡館用餐——然後發現咖啡館裡的員工都是機器人！如果上述一切還不夠令你驚訝，你買完東西就可以離開，而你訂的東西會在三十分鐘內送到家裡。能否讓顧客驚喜、表現出乎預料而討人喜歡的價值，是實現絕佳體驗的關鍵。

獨一無二

品牌可藉由改變類別的腳本來創造獨一無二的體驗。我說的「腳本」是指同類別競爭對手多半提供的體驗。特定產業的競爭對手通常會參加同樣的商展、讀同樣的產業出版品、甚至聘請同樣的顧問。結果呢？大多數鞋店都用同樣的方式賣鞋。大多數銀行以同樣的方式營運。大多數超市就簡單複製同樣的標準超市購物體驗，一而再，再而三。

但如果一家公司有勇氣突破那種腳本，可能會有不同凡響的事情發生。例如，在實體書店愈來愈稀有的世界，一家日本書店決定打破所有規則。文喫（Bunkitsu）是由一家創意代理商和兩家書商結合而成，既是典型的書店，也是一種藝廊的體驗。首先，它收入場費。沒錯，入場費。顧客要付一千五百日圓才能進入。但那筆費用包括無限暢飲茶或咖啡，和一日隨意閱覽店裡三萬多本書。獨特之處不止於此。多數書店是按照類別及書名展售圖書，文喫並非如此，至少不是一直這樣。有時，文喫乾脆把所有紅色封面的書籍擺在同一區；有些書甚至被故意藏起來，邀請顧客「尋寶」把它們找出來。另外，書店裡也有一家小咖啡館，迎合想盡情享受無限暢飲看到飽權益的顧客！

就是這些獨一無二、猶如註冊商標的顧客體驗元素，讓文喫脫穎而出。

個性化

　　絕佳的體驗會讓顧客覺得那一天的體驗彷彿只有自己才有。在與你的品牌共度的旅程，這有許多方式可以達成。研究顯示，若購物者在購物體驗中感受到高度個性化，他們一一〇％更可能多放點東西進籃子裡，四〇％更可能比原本打算花更多錢，二〇％更可能在淨推薦分數（net promoter score）上給零售商打高分。[3] 另外，研究亦指出同類中最好的公司不僅會多花點錢培養個性化能力，且未來打算花得更多更多。

　　個性化可以簡單如客製化商品，也可以複雜如取得及譯解組粒狀（granular）顧客數據。例如美容產品零售商絲芙蘭會完全按照個別客戶過去的購買紀錄發送產品建議郵件。諾德斯龍記得顧客的尺碼；耐吉允許顧客設計自己的慢跑鞋，頗特女士（NET-A-PORTER）則會依據優質顧客過去購買的商品，寄實物禮品給他們。

迷人

　　大腦有個區域叫海馬迴（hippocampus）。海馬迴的主要作用是將資訊從你的短期記憶轉移到長期記憶。也就是說，一旦發生這個過程，就會有某件事情變得永難忘懷。零售商的工作就是透過盡可能讓大腦接收強大的體驗資訊，來促使這個過程發生。因此，建立一條吸引各種感官的參與路徑至關重要。

　　例如，戶外服裝品牌加拿大鵝（Canada Goose）在多倫多開了它所謂的「旅程店」（Journey store）。但當你走進店裡，迎接你的不是該公司的招牌毛皮風雪大衣（「派克」〔Parka〕）或配件。你會踏上一片像極了冰原，彷彿承受不住你的重量開始碎裂的地板。穿過之後，你便進入一座三百六十度環形劇場，也會有「旅程解說員」出來迎接，帶領你穿越這個空間。接著，你將獲得一段多媒體體驗，訴說該品牌作為一家專為極端環境創建的服飾公司，一路走來的點點滴滴。我觀看的影片是由四屆艾迪塔羅德（Iditarod）狗拉雪橇比賽冠軍蘭斯·麥凱（Lance Mackey）旁白，他也是該公司的品牌大使之一。緊接著你會前往店裡一座冰窖，地上有厚達數吋的雪，讓你試穿加拿大鵝的派克、體驗穿著它在冰天雪地裡的感覺。而在試穿的同時，你也在冰窖裡被招待另一場媒體體驗。體驗完畢，你的旅程解說員可以協助你丈量尺碼、訂購大衣，不出幾個鐘頭就能送到府上。

加拿大鵝發展出的每一個面向都十分迷人。你看到、聽到、感覺到的種種都能刺激感官，將體驗打入你的長期記憶。

同樣的情況也適用於數位體驗。如果你提供給顧客的是網格式的目錄，或外觀與功用都跟其他品牌大同小異的應用程式，你就是敞開大門歡迎頂級掠食者和迷你商場進來。不能這樣，你必須與之較勁，努力讓你的數位體驗令人難忘。你為體驗注入愈多感官元素，體驗就愈可能移入顧客的長期神經檔案櫃。音樂、聲響、影片、圖像、人臉、人聲——這些全都可以創造記憶與回憶。

可以重複

最後，出色的體驗在設計和執行上可以重複。真正傑出的零售商不單訓練員工；還會反覆排練。可能有人認為這刻意斧鑿，矯情造作，但我得問他們，這有比銷售一空的百老匯《漢密爾頓》演出更矯情嗎？有比你在米其林幾星餐廳享用的精緻美食更造作嗎？有比你私人車道上的豪華房車更刻意斧鑿嗎？那些人口中的刻意斧鑿，我覺得是精心打造：深思熟慮、設計完善。怎麼會有公司想要沒那麼精心打造的東西呢？

你可以用頭字語 S.U.P.E.R. 輕鬆把這五大關鍵特性記起來（Surprising–Unique–Personalized–Engaging-Repeatable）。S.U.P.E.R. 體驗能突破難關。S.U.P.E.R. 體驗會吸引注意。最終，S.U.P.E.R. 體驗將克敵制勝。

欣然接受你的專業

另一個必須認清的重點是，如果你的品牌恰好不是頂級掠食者或新崛起的迷你商場，你就是一家專業公司。你賣的是食品雜貨、化妝品、雪地防滑輪胎，甚至以上皆是都無所謂；那些大型競爭對手前所未見的規模與擴張，反倒會凸顯其他多數公司的專業——至少在購物者眼中是如此。所以，你必須準備好更深入鑽研你所屬的類別，比任何更大競爭對手可以或願意鑽研得都深，才能符合顧客已經提高的期望。

這不表示你得賣更多商品，但確實表示你得訴說一個更深刻、更動人、更有力的故事。你的對手提供以機械和認知為主的經驗，你必須成為刺激情感與體驗的替代選項。

新媒體

可是你要怎麼跟頂級掠食者的「新零售」途徑競爭呢？他們正有條不紊地採用那條途徑，用一個完全囊括娛樂、購買類型、付款平台和物流系統的生態，把顧客團團包圍。從銀行、教育、金融到運輸和醫療，他們正霸占愈來愈多類別，成為顧客生命裡不可或缺的要角。

當然，絕大多數品牌和公司永遠不可能在任何顧客的生命中取得無所不包的地位。儘管你無法在新零售的基礎上競爭，你的品牌卻可以在我所謂的「新媒體」範疇稱霸。前提是，你必須了解市場裡的一場巨大轉變。

媒體即商店

以往，我們一直把媒體當成一種驅使消費者的工具使用：驅使他們穿過「行銷漏斗」（marketing funnel）到達配銷點——不論實體或數位店面。各品牌無不絞盡腦汁新造和改良工具來攔截顧客、加快顧客掉下漏斗的速度。

　　但在後疫情的世界，至少在消費者心目中，媒體不再只是叫人拜訪商店（包括線上或數位商店）而已。媒體**就是**商店。抖音、Instagram、一則簡訊、一篇臉書發文──全都成了「商店」。但容我澄清，我不是在建議你創造更多廣告。看在人類的分上，拜託不要！我們不需要更多廣告。我是在懇求你著手創造人們真正在乎的內容。人們想要、喜歡的內容，會被分享的內容。

　　為深思雜誌業在營收上仰賴廣告模式的現象，安卓・埃塞斯（Andrew Essex）寫了《廣告的末日》（*The End of Advertising: Why It Had to Die and the Creative Resurrection to Come*）一書。他這麼說：「我看好兩種媒體，一種能製造物有所值的產品，一種則擁有可靠、投入、沒有它就活不下去的受眾。」[4]

　　我不得不相信零售業也必須採納同樣的觀點。零售商不能再創造旨在滿足本身自私需求的廣告，必須開始打造旨在服務顧客──特別是最投入的顧客──的創意內容。顧客不再接收就會錯過的內容。再推一把，顧客就會掏錢下單的內容。

　　也就是說，要捨棄針對顧客強迫推銷的概念，改而創造能提供價值、鼓勵參與的內容、體驗和線上活動。能帶來愉快、傳遞資訊、鼓舞人心的內容。

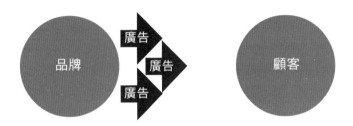

▌由廣告提供動力的傳統行銷傳播模式

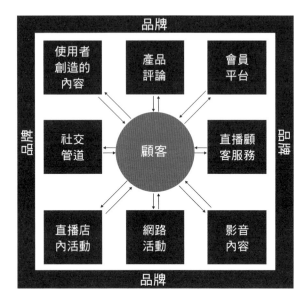

▌由活潑、生動、個性化內容提供動力的媒體生態系統模式

　　道理很簡單：你硬塗在顧客臉上的每一句單向獨白，都是他們想移情別戀的理由。而在瀏覽器留下再多 Cookie、再多再行銷（retargeting）或彈出（popup）廣告，都無法緩和這樣的關係。

　　相反地，品牌必須將顧客置於真正具有創造力的媒體宇宙中心，向他們傾注切身相關，以及最重要的，可以互動的內容。

　　創造這種「內容流」——你的品牌的原型和類別特有的內容流——至關重要。每一則訊息、每一個接觸點、與顧客的每一次互動，都該明確表達、活潑表現、大力鞏固你選擇的原型定位。

　　如此一來，便能形成一個綿延不絕的內容迴路：從顧客互動獲取的深刻洞見，會回饋到創意過程，以及新創造出來的強效媒體。

　　但真正讓人瘋狂的是這個：想像你每一家店裡都有一間創意攝影棚；想像所有店內活動、商品提醒（product drop）、實物示範、網紅亮相

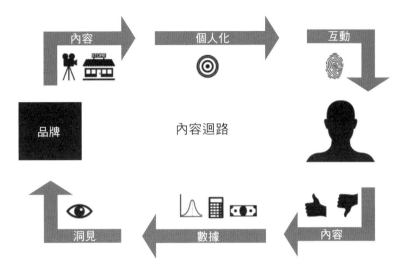

內容迴路

品牌內容迴路

（influencer appearance）等都可以發展成內容，並加進媒體生態系統中。突然間，內容生產、露出，以及與顧客的互動都呈指數成長——不是因為你又吐給顧客更多廣告，而是因為他們真心想要參與你和他們分享的獨特、有趣的內容。

如果這聽來像常識，那麼就該問：這種情況為什麼很少發生。為什麼品牌主要還是仰賴插入干擾、亂槍打鳥的廣告？更糟的是，他們為什麼要投資更多、更多工具，在未經我們同意下追蹤我們？他們為什麼不乾脆創造那種令人讚嘆、讓我們真的想參與的媒體？

以上這些值得問的問題可用一句話總結。沒錯，多數企業領導人寧可用他們知道無效的策略，也不用他們不理解的策略。這話聽來刺耳，但我們都看到現實這樣上演。整個零售業曾抗拒網路誘惑好多年，不是因為電子商務不合情理，而是因為零售業多數領導者不了解網路或它的潛力。我們害怕我們不了解的事物。

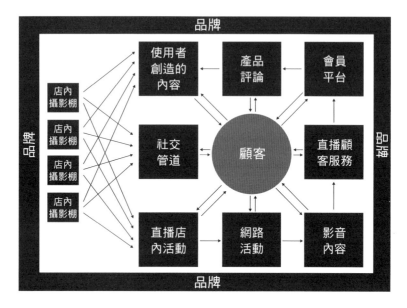

▌ 新媒體生態系統

　　另外，在新的或不同的媒體捕鼠器裡塞進一個廣告，告訴老闆你創新了，比確實承擔風險、創造獨一無二的事物來得容易。

　　反觀創造絕佳的互動內容則需要創造力，而有奇高比例的企業領導人其實對創意過程和創意人才感到不自在。我知道這聽來違反直覺，但研究顯示，有多達五○％接受調查的高階主管表示還沒準備好承認或欣然接受創造力！[5] 在許多領導人眼中，創造力實為不安、不確定和風險的源頭。儘管多數公司自稱把創造力當成資產一般重視，但大都沒有給予任何有意義的獎勵。

　　這裡的弦外之音是：如果你的行銷沒有超群的創意，那可能不是你的代理商的錯。代理商可能交出絕妙的點子，只是你的組織置若罔聞。無論如何，如果你沒有給予顧客迷人的互動內容，如果你繼續堅持買再行銷的廣告和橫幅，你就是在打一場必敗無疑的仗。

幸好，疫情蔓延時，就是提升策略免疫力的最好時機。

可購物的媒體不是新的廣告

一旦你下定決心戒除買廣告、改而創造更引人入勝的內容，下一步便是確定它百分之百可以購物。顧客愈來愈期待每一則媒體訊息都是直接的購物入口。

已經有研究顯示，多達三分之一的 Instagram 用戶曾直接向該平台的「業配文」買東西。[6] 另外，有六〇％的用戶表示曾在 Instagram 發現新產品。二〇一九年三月，Instagram 公司更推出直接結帳功能（Checkout on Instagram），允許其一億三千多萬用戶不必離開 Instagram 就能向品牌的發文買東西。

我們也知道有七二％的民眾會看影片認識新產品或服務。[7] 像 droppTV 之類的公司就正在利用這點，讓影片更容易轉換成可購物的格式，直接嵌入觀賞體驗中。當影片中的物品吸引目光，觀看者只要按個「下拉」鍵，就可以直接從體驗裡購買那個品項了。

無獨有偶，抖音最近也跟堪稱 Z 世代家庭購物網的新創公司 NTWRK 合作，銷售藝術家約書亞・維茲（Joshua Vides）某一系列的服飾。觀眾可以一邊收看直播一邊直接購買，而且不必離開應用程式。

所以消費者顯然不想成為廣告鎖定的對象，而顯然想要參與能提供娛樂價值、資訊、靈感和直接購買路徑的媒體。這可能採取多種形式：

- 可購物的影片
- 視覺化的故事
- 圖像
- 產品評論

- 使用者創造的內容

媒體是新的商店，而那種新的商店必須可以購物。

但現在你可能不禁納悶，這對實體商店預示著什麼。我的意思是，如果媒體就是商店，是否代表我們不再需要實體店面了呢？

恰恰相反。實體店面比以往更重要。只是不是用來配銷商品了。

你的店面就是媒體

認識我的人都知道，最晚從二〇一五年以來，我一直像瘋狗見到滿月一般狂吠零售業迫在眉睫的轉型。現在我或許可以停止了，因為轉型已經完成。請容我說明。

新冠肺炎終於使零售業認清，把實體店面當成可靠的商品配銷工具，有多不切實際。社會動盪、氣候變遷、天氣事件，當然還有一波波疫情，全都預示實體店在未來會遇上麻煩。實體店的使用管道天生受限，使他們在數位社會愈來愈不方便。

但如果我們誠實以對，即便在全盛時期，作為把商品交到顧客手中的工具，實體商店也面臨諸多問題。先天的營業時間限制，加上高營運資金與薪資成本，都會侵蝕獲利。由於有最低銷售門檻，為了塞滿貨架，店面也得負載太多存貨。這會導致削價出售、侵蝕利潤，而利潤又會因為商品損壞、折舊、當然還有竊盜而進一步萎縮。

但以上種種都否定不了實體零售空間的巨大價值。再說一次：這否定不了實體零售空間的巨大價值。恰恰相反，以上種種反而改變、提升了價值。

商店正從產品配銷通路轉變成媒體通路，而在後疫情世界，這種媒體通路的角色將比今天還要吃重。

首先，數位媒體的成本已逐步攀升到許多品牌難以用來獲取顧客的地步。例如二〇一九年，零售商戶外之聲（Outdoor Voices）就警告，現今，每透過數位媒體管道獲增一位顧客的成本，比每一個新顧客帶來的營收機會還高。在這方面，根據二〇一八年美國一項調查研究，數位廣告支出年增二一％，致使每次點擊的平均成本年增一七％，而實際點擊只增加了令人失望的七％。明知增加二一％的廣告支出只會換來多七％的點擊，什麼樣的財務長會繼續這麼幹呢？同一時間，臉書一則廣告的成本也在二〇一七至一八年間上漲超過一倍。[8] 因此，早在二〇一八年，零售商就已在經歷數位廣告支出增加導致收益萎縮的情況，因為顧客赫然發現自己泅泳於一條數位廣告之河，怎麼也看不到盡頭。

儘管因疫情使然，廣告的成本多少有點節制，但我們可大膽假設，一旦看到隧道盡頭的光，品牌又會透過砸錢買廣告湧入市場。長期來看，若要以數位廣告作為取得新顧客的工具，成本會變得高到令人卻步，成效則低得可憐。

但在前疫情時代的紐約，我們仍不時見到 Glossier、Supreme 和 Kith 門外大排長龍。遠至墨爾本，有時早在開店前數小時，就有數百名購物者排隊等著進入街頭服飾商城「文化之王」（Culture Kings）。二〇一九年一趟東京之行，我也親眼目睹年輕購物者群集在原宿、澀谷的潮品零售店外引頸翹望。

實體零售店不只是強有力的媒體通路；我甚至敢這麼主張：對於一個品牌而言，實體零售店是最好管理、最實際也最容易測量的媒體通路了。不同於在數位媒體上，消費者真正的興致或參與程度仍有爭議，實體店面可以確認消費者是否真的在場，又參與了多少體驗。

我們可以和消費者建立直接而親密的連結。

由於新冠肺炎帶來的不確定性，這短期內可能會變，但長期而言幾乎千真萬確。疫情扼殺不了實體零售的體驗。極有可能，未來我們會比以往更渴望面對面的社交互動，而零售店面可以滿足那樣的需求。話雖如此，疫情將深刻地提高顧客對體驗品質的期望。屆時，在參與現實世界的體驗上，已適應快速數位商業兩、三年的顧客，眼光無疑將遠比過去敏銳。

而那代表，我們必須為先前被認知為商店的空間尋找新的用途。

店面即舞台

疫情爆發前，我人在澳洲墨爾本為某個客戶工作。一天我起個大早，前往勘查零售場景。早上八點左右，我遇到一支年輕人排成的隊伍一路延伸了半條街。有些人帶了露營用的椅子和毯子來，暗示他們已在這裡度過好一段時間了。他們在等前文提到過的那家店：文化之王開門。文化之王是澳洲街頭服裝零售商，全國各地有八間店，我決定兩個鐘頭以後回來看看。

如果你以為文化之王「不過就一間店」，一進店裡，那個幻想會立刻煙消雲散。首先你會感覺音響系統的重低音從兩條腿爬進你的胸口，然後你會為偌大的多層樓空間倏然一驚，那分明就是里約的夜店，哪像零售店啊。再來，你會見到 DJ 人在離地二十呎的地方，底下是半面籃球場。而在那個場地上，員工正在舉行罰球比賽來娛樂顧客。樓上，你可以吃個點心、剪個頭髮，而雖然這家公司的規模比起 Foot Locker 之類的連鎖店小之又小，但在文化之王遇到音樂、電影、運動世界的國際名人與你一同漫步走道，一點也不稀奇。

最重要的是，你會感覺到與眾不同的戲劇性。空間、聲光、員工的敬業程度——這些全都強化了你不是不小心溜進一間平凡商店的感覺。你進入了一個截然不同的世界。在那個空間的牆垣裡，文化之王打造了一座實體的舞台，將其品牌作品呈現給一群仰慕的觀眾。

那天我什麼東西都沒買。老實說，我不是文化之王的目標顧客。但我確實帶著它最重要的產物離開：非常正面的品牌印象。正面到我願意在這裡跟你分享。

但要是品牌在店裡營造了如此出色的內容，為什麼只讓店裡的顧客體驗呢？何不讓全世界一同體驗呢？

店面即攝影棚

妮瑪・庫賽（Nema Causey）有個甜蜜的事業。名副其實的甜蜜。「Candy Me Up」是一家店面設在聖地牙哥、家庭經營的糖果糕點公司，專攻舉辦特殊場合的零售客戶。

疫情前不久，庫賽——以及執掌事業配銷面的弟弟強尼（Jonny）——就發現訂單微幅下滑。當新冠肺炎爆發，問題雪上加霜。「當時我九九％確定我們會倒閉，」她說。[9]

絕望之際，她開了抖音帳戶，並和強尼一起從店內拍攝影片。店裡背景色彩繽紛、堆滿糖果，與他們滑稽的演出堪稱天作之合。這對姊弟也趕上「果凍挑戰」（Jelly Fruit Challenge）之類的熱潮：那是一種網路挑戰，參與者拍攝自己咬果凍的畫面，可想而知，被咬的果凍會迅雷不及掩耳噴上相機、衣服，以及旁邊朋友的臉。

沒過多久，庫賽姊弟便在抖音上頭吸引了一群追蹤者。拜一位 YouTube 名人「隔空喊話」（shout-out）所賜，該公司立刻又擄獲四萬名追蹤者。

追蹤者很快轉化成訂單，妮瑪・庫賽也迅速打造公司第一間網路商店。她隨即迎頭撞上這個令人嫉妒的問題：她影片裡介紹的品項賣光了——在一個例子，銷售量竟比預期高出十倍。

假如你好奇——庫賽和弟弟強尼創造的內容不是大量生產的價格。純粹是好玩和創意。除了可看「幕後花絮」一睹店中百態，觀眾還可以隨著姊弟倆展示、解釋、還有狼吞虎嚥公司千奇百怪的糖果，間接經歷他們的生活。

今天，Candy Me Up 在抖音上有四十五萬名追蹤者，也開始耕耘

Instagram。至於庫賽姊弟，他們現在最大的問題是供不應求。

庫賽姊弟已經發現，原來他們的店面就是可以推廣事業的完美攝影棚，而他倆就是故事要角。從那間攝影棚，他們不但培養出一群觀眾，也開發了全新、更廣大的市場。

變身成媒體

美妝品牌 Morphe[*] 正在成長。原是美容領域的純網路零售商，Morphe 在二〇一九年擬定計畫，於英國、美國、加拿大拓展實體店面。但這些不是當你想像典型彩妝店時會想到的那種空間──一部分原因是這家零售商正將店面打造成全方位的製片廠，透過顧客創造的內容來提高品牌知名度。欲在此美學空間創作內容的新人可預約攝影棚的時段，並且在工作人員協助下使用齊全的攝影和燈光設備。每一間攝影棚也兼做「改頭換面」空間，顧客可以獲得二十分鐘的免費改造，或學習新的技術。

結果，現在該品牌網站上有一百多部教學影片，另有數百部則透過參與內容創作的網紅，在各自的管道傳播開來。那些貢獻者憑藉著在 Morphe 創造的內容吸引本身的受眾，形成強大的網路效應，使 Morphe 搖身變成足以和全球最大化妝品公司匹敵的品牌活動。整體而言，該公司的目標是在北美及英國各地擁有五十多個這樣的空間。[10]

這再次凸顯店面可以是效用強大、演出商業戲劇的舞台或劇場。店面也可以化為優質的攝影棚來創作內容。事實上，早在前疫情世界，我就非常堅信自己已培養出一批新的零售預言家，著眼於零售商的店內直播攝製服務──協助他們將店內改造成每週直播攝製的布景和舞台。這些不過一年前仍看似多少有點創新的東西，到今天已易如反掌。在後疫情的世界，把店面改

---

* 【譯者註】Morphe 拼法近 morph，有「變形」、「變身」之意。

造為實體背景來創造精湛的實體和數位內容，顯然已蔚為主流。

這裡的重點是，每一天，世界各地大大小小的零售空間，都有神奇的事情發生。但那些體驗不必侷限在商店的四面牆裡，大可出來接觸廣大的全球受眾。每種原型都有一個故事，而每個故事都有一群受眾。

房租是獲取顧客的新成本

由於市場板塊已大舉向網路移動，連帶使得店面開始較少作為配銷通路，而更常作為媒體使用，我們必須徹底重新思考該以哪些方式測量實體店面的生產力和貢獻。在這個線上零售以雙位數急遽成長——線下零售則以低一位數日漸萎縮——的世界，假定許多零售空間四面牆裡的營收將會衰退，是合乎邏輯的。但那是否意味著商店沒那麼重要了呢？絕非如此。但那確實要求我們採用不同的方式來測量商店的價值。

吾友瑞秋‧謝赫曼創辦了「故事」這個體驗型零售的先驅。最近我跟她聊到零售該如何測量。她說：「凡是有人聚集的地方，媒體就有效用。你只需要一則訊息、一群觀眾，瞧！你有媒體通路了。」她說得對極了。一千年前，人潮聚集處是市集，人們在那裡交際、打聽消息、蒐集資訊，當然也找商人和民生必需品。之後，平面媒體成為更有效的媒體配銷工具，報紙權傾一時。無線電的發現讓即時性與普及性雙雙提升到新的境界。不久，電視成了顧客接收新資訊的中心；今天，數位媒體已大致取代其他所有媒體，猶如社交的營火讓我們聚集圍繞，以了解現在發生的事、新鮮的事，以及接下來會發生的事。

但隨著媒體成本節節高升、成效日益邊緣化，想在下個十年存活的零售商不僅必須開始將其實體資產當成媒體看待，也必須如此加以測量。

測量未來的零售空間

　　有效測量店面真正生產力的關鍵，在著眼於一個我們已在產業行銷面非常熟悉，但至今始終沒有應用於實體店面的測量基準。這個重要的基準是確定每種媒體印象的價值（value per media impression）。也就是判定一個經由實體體驗實現的良好品牌印象，具有多大的價值。

　　舉個例子，不久前我曾和一家大型美妝公司的行銷長聊天。該公司擁有二十多個品牌。我問他估計每年有多少顧客來到該公司不同品牌的零售點。他估計約一億人次。出於好奇，我問他覺得，若以鎖定一億名顧客為目標，他的品牌要花多少錢請麥迪遜大道（Madison Avenue）的廣告代理商效勞。「效勞」的意思不是讓顧客在 YouTube 看到三十秒的前置廣告或 Instagram 的一系列業配文，而是沉浸在較長時間（二、三十分鐘）的媒體體驗——讓顧客能把品牌故事烙印在心裡、深入了解產品、開始覺得自己是品牌社群與文化的一分子。換句話說，讓顧客擁有出色且難忘的人類媒體體驗。

　　「算不出來啦。天文數字！」他這麼回答。他說得對極了。這種廣告活動的成本勢必超出預算的夢想，就連最大的公司也不例外。

　　但重點來了：照他自己的說法，那個品牌已經吸引那等規模的受眾參與那種類型的媒體體驗了。問題在於該公司完全沒有在財務上說明那樣的價值。甚至連測量都沒有！

　　換句話說，如果我的美妝客戶每年可以在店裡接觸到一億名顧客，那些賦予品牌印象的店面就該被記上那些印象的市場價值，至少也要是近似值。這是因為實體零售已不再單純是一種產品配銷策略——而是一種顧客獲取策略，有理應歸給它的價值報酬。我們必須想辦法解釋那樣的價值，否則就無法掌握實體零售的完整價值了。

計算體驗的價值

問題在於，我們該歸給實體店面什麼樣的價值才適當呢？這是個好問題，而這需要兩大要素：一、需要內部一致同意每次顧客印象的**價值**（value per customer impression）為何；二、也是更重要的：要測量平均印象的**品質**（quality of the average impression）。

計算印象的價值

首先，我們需要憑藉知識和經驗來達成「每種印象價值」的共識。這不是會出現在股東季報上的數字，因此只要內部接受那個數字適當且實際就可以了。為便於討論，讓我們假設貴公司內部一致同意，從效益的觀點來看，一次正面店內顧客體驗的價值是臉書一次如浮光掠影的廣告印象的五倍。如果你的臉書每次印象的成本為八毛錢，那店內產生的印象價值就是四塊錢。以我的美妝客戶為例，它每年產生一億次的店內印象，合計便有四億美元的價值。但因為品牌只算銷售和利潤，沒有基準可以說明這種店內媒體的價值是多少。

測量印象的品質

一旦確立每次印象的價值，下一步便是判定那些印象有多正面或負面。依我的經驗來看，最適合也最容易畫出公平起跑線是測量淨推薦值。簡單地說，淨推薦值僅判定有多少比例的顧客評定在你這裡的購物經驗是正面、負面或中立的。如果一間店的淨推薦值非常正面，那個價值就應（為內部用途）納入店面的績效指標。比如一家店或許創造了一百萬美元的總銷售額，但也可能額外實現十萬美元的媒體價值。

如果淨推薦值是正數，我們可以認定媒體價值也是正的。如果淨推薦值居中，我們可以假設購物者對體驗的感覺分歧，印象價值趨近於零。如果淨推薦值是負數，我們可以認定商店產生負面的媒體價值，它開門營業的每一分鐘，都會使品牌的聲譽嚴重受損。

這之所以很重要，是因為我們正以光速逼近絕大部分商品都靠數位購買的現實。我預估快至二〇三三年就會如此。因此，如果你只依銷售和獲利來判定一家店的價值，最後可能會想把店面統統關起來。那之所以是個天大的錯誤，正是因為那些店具有媒體價值。若不測量那些價值，最後你可能不只會關錯店，還會關掉太多店，讓數百萬美元的媒體價值化為泡影。

想想這個例子。甲店一年賣了總值五百萬美元的商品，但也創造了總值兩百萬美元的正面品牌印象，意思是那家店真正的貢獻——至少從內部觀點來看——值七百萬美元。相反地，乙店創造八百萬美元的銷售，卻也造成三百萬美元的負面品牌印象，就只剩五百萬美元的淨價值了。

如果一定要你選一間店來關，你會選哪一間？如果只憑銷售決定，答案很簡單，但大錯特錯。反之，藉由納入內部有共識的每項顧客媒體價值，我們做出的結論能更精確地反映每一間店真正的貢獻。

換種說法，我去過規模雖小，卻能營造絕妙顧客經驗、大力提升正面品牌印象的店面，也去過裝潢精緻高檔，卻糟糕透頂、徒然貶損品牌價值的旗艦店。要是你只憑銷售評估店面，你永遠不知道差別在哪裡，更糟的是，你很可能會收掉不該收的店。

打造可點擊的店

那些早在疫情爆發前就會阻礙體驗、令人惱火的因素，在後疫情現實中將使顧客更難以忍受。我們在封城期間習以為常的線上便利，將與實體零售空間常出現的摩擦呈現鮮明對比。等候產品資訊、等候服務、等候付錢——說穿了，什麼都要等——這些必須成為過去式。

在消費者心中，倘若數位與實體世界之間在二〇二〇年前依然存在著什麼分野，都被新冠肺炎這顆鐵球打破了。人在店裡卻還是能用行動裝置來蒐集資訊、教學、甚至訂購，這已迅速成為顧客對零售商的基本期望。對商業模式並非服務密集的零售商來說更是如此。能夠把幾個品項放進應用程式裡的線上購物車、去店裡逛逛，在那個實體空間再加一些品項進線上訂單，然後統統送貨到家——這就是我們需要的那種彈性。

藉由建立顧客與店面的連結，並透過科技讓顧客擁有完整體驗，你不只能為那樣的體驗增添價值，還能在體驗裡的不同會合處開啟潛在的數據與傳播管道。光是能即時獲得顧客行進路線、產品吸引力、銷售效率等方面的洞見就是夠大的誘因了——更別說有關 O2O（從線上到線下／從線下到線上）行為的見解了。

容我澄清，我並非主張在零售空間濫用監視螢幕與技術。我只是建議你提供一個介面，讓顧客和員工都可以在需要的時間地點，獲取他們想要也需要的資訊。

擊沉旗艦店

好，我承認這個小標太戲劇性，不過那是有理由的。我不想留下一絲空間讓你可以把顧客體驗和「旗艦店」的概念併在一起。

這有幾個原因。首先，依照我的經驗，旗艦店往往會變成零售公司的孤兒。店面營運團隊常把它們視為行銷的棄兒。旗艦店常被認為是無聊又昂貴的玩意兒，且從營運的角度來看不是「真正的店」。反過來說，行銷認為旗艦店是營運部門的權限，需要營運部門實現所有漂亮又昂貴的體驗要素。要是旗艦店的績效不符預期，眾人就會交相指責。每個人都該罵，所以，沒有人需要負責。

第二個問題是，雖然獨特，旗艦店卻常用和一般店一模一樣的傳統標準來測量財務績效。癥結點當然是旗艦店的營業費用與銷售額比率，高出傳統店面甚多。

最後，純就實務的觀點，品牌為什麼會想塑造一種讓其他地點相形見絀的體驗呢？顧客體驗不該是新奇的東西，不該只有特定場所或城市享受得到。那該被大眾化、遍及每個顧客接觸點。基本上，每一間店都該視為旗艦店。

讓每間店都是概念空間

這就是為什麼我向來屬意品牌以「概念店」而非「旗艦店」的概念思考。概念暗示迭代、發明和持續的發展。概念店也比較常做出更彌足珍貴、伸縮自如，而能移轉到所有店面的創新；概念可以由行銷和營運團隊共同擁有與執行。旗艦店說：「我們最好就是做到這樣。」概念店則說：「我們絕不停止創新。」

旗艦店想當然地認定體驗愈大愈好。但在現實生活中，往往是小經驗帶來最深的滿足。想想高級料理。當頂尖主廚製作出色菜餚，每道菜的分量多半很小。儘管憤世嫉俗的人可能認為那只是餐廳賺更多錢的方法，卻有合理的生理學因素可以解釋小分量何以比較好。

首先，小分量在美學上比較討喜。小分量擺在盤子裡比較好看，也較容易做藝術展現，立刻促進用餐者的食慾。更重要的是，科學也告訴我們，不管吃任何食物，我們的味蕾主要是被前三、四口活化。在那之後，味道吃起來就差不多了。另外，較小的分量也讓我們更有空間在同一餐品嘗到更多道佳餚。

我們可以從高級料理學到的是，較大的體驗未必是較好的體驗。事實上，我有幾次最精緻、最享受、最難忘的購物體驗，都是在最小型的零售空間遇到的。

別乞求忠誠。會員要收費

忠誠產業有個不可告人的小秘密：忠誠方案不會讓顧客的內心更忠誠。事實上，研究顯示，零售業忠誠方案會員與非會員的忠誠行為沒什麼顯著差異。許多忠誠方案培養的完全不是品牌忠誠，而只是專家所謂的**交易忠誠**：購物者變得只對折扣或贈品有反應。不過，我覺得忠誠方案真正的問題在於，它們實為品牌與顧客間狹隘、單方面的對話。這場對話的組成除了提案、點數和購買以外，沒什麼東西了。

假設你和配偶的關係也是這般建構。「嘿，親愛的！你這個月已經收集了一百個忠誠點數和倒垃圾的紅利點數，要不要兌換成晚餐和電影？」或許這就是為什麼免費忠誠方案通常在競爭對手大同小異的類別效果最好，例如食品雜貨、航空公司、飯店、信用卡、燃料產業等等。我的意思是，希爾頓（Hilton）和喜來登（Sheraton）究竟有何實質差異，讓你想從其中一家連鎖飯店累積更多獎勵點數呢？問題就在這裡。零售業誤將慣性視為忠誠。顧客留下來不是因為他們特別忠誠，而是因為投奔你的競爭對手不會帶給他們什麼真正的差異。

多數忠誠計畫的另一個致命缺點是，它們與體驗本身風馬牛不相及。我的意思是，那些給予忠誠的獎賞並未嵌入購物者的體驗，而是位於體驗之外。我要在體驗過後才能得到獎勵。我一直覺得這令人費解，例如，星巴克會問我要什麼、問我貴姓、在我點餐後才會掃我的忠誠 app。為什麼他們不先掃我的 app，然後問我，某某先生，今天也要一樣的嗎？他們甚至可以注意到我酷愛燕麥餅乾，連同咖啡給我一片。

重點在於，我的忠誠不該超脫於體驗之外。應該讓體驗塑造忠誠。這就是我更喜歡付費會員方案的原因。

付費會員方案在許多方面優於忠誠計畫。首先，付費會員能凸顯真正忠實的顧客。例如亞馬遜 Prime 會員每年的消費足足比非 Prime 會員高出二五〇％。但亞馬遜並非唯一利用會員力量的品牌。二〇一六年，家具家飾零售商 RH（Restoration Hardware）徹底改變策略，取消所有促銷折扣，改而建立一套付費會員方案，提供所有品項每天一致的會員價格，以及許許多多其他實際的福利，包括每年一次居家設計諮詢。該公司剛開始戒除折扣時，銷售成果受到損害，讓很多人質疑改走會員制之舉。但到了二〇一八年，RH 便交出亮眼成績讓批評者閉嘴，並宣布現在有整整九五％的營業額來自付費會員。

會員制也暗示更有意義的交流。會員願意讓其活動更加透明，以換取與品牌更個性化、更優先、更切身相關的互動。隨著品牌對顧客有更透徹的了解，體驗會變得更加豐富，讓顧客願意分享更多資料，形成信任的良性循環。

最後，在多數忠誠計畫被資產負債表列為債務之際，付費會員方案卻提供源源不斷的收益流。這個根本差異就是促使各公司想方設法給忠誠計畫設下重重限制與條件，甚至讓價值縮水的因素。反觀提供付費會員制的零售商，就傾向於不斷開創提高方案價值的方式了。

不管你賣什麼東西，也不管你把東西賣給誰，我強力推薦你設計一套引人入勝的付費會員策略，為你最忠實的顧客提供更迷人的體驗。

儘管頂級掠食者擅長運用**大數據**（big data），會員方案將提供給你**最好的數據**。

千萬別打折，永遠不要

我知道這樣聽起來偏激了點，但我堅信，折扣就像海洛因，沒有人會因為打了海洛因就變好。事實上，那通常只會引發「還需要更多」的感覺。今年的一天特賣會變成明年的兩天特賣，而隨著銷售目標和股東期望愈來愈高，這個月的買一送一會變成下個月的買一送二。我懂。我承受過那種壓力。

但我得再說一次：千萬別打折。

　　首先，你提出的折扣十之八九不會實現足夠的額外銷售來證明折扣的正當性。例如，打九折需要你多賣二〇％的商品才能維持同樣的損益。不僅這二〇％難以達成，而且一旦如此追求，就是在訓練顧客期待未來的折扣了。

　　就算你想回饋或表彰最好的顧客，也別透過折扣。折扣的言外之意是你平常索價過高，而你和顧客之間的關係只有交易。打折還會貶低你的行業，也會讓你作為品牌的產品變廉價。

　　請把你和顧客的關係想像成一對摯愛的終身伴侶。請尋找新的方式為對方的生命增添價值。打破價格／價值方程式的界限。想辦法一邊取悅對方，一邊為你賣的東西多要點報價。你的競爭對手可能因為追求出乎意料的便宜，快要失速墜毀了。引用一句比利時時代啤酒（Stella Artois）多年前所說、今天大家琅琅上口的標語：你希望在顧客心目中，你的品牌「貴得令人安心」。

普通零售商	藝術型零售商
定位於市場	為消費者實現定義過的目的
銷售產品	銷售遠大、以人為中心的理念
試著迎合所有人	選擇顧客，努力贏得他們的喜愛
以「每平方英尺銷售額」和「每次點擊成本」的角度思考	以「每平方英尺的體驗」和「每次點擊銷售額」的角度思考
將商店視為配銷場所	將商店視為媒體
相信媒體就是廣告	相信媒體就是商店
靠商品與價格賺錢	靠體驗與價值營利

▋ 普通零售商與藝術型零售商

選擇你的冒險

後疫情時代的零售版圖將充斥著貪得無厭的頂級掠食者和快速成長的迷你商場，除此之外將只剩兩種零售商：普通的，及藝術型。你是哪一種呢？

要是你的肯定句大都落入左邊那一欄，你會想要修正。如果大都落在右側，歡迎來到未來。我們一直在等你！

|第7章|

商場的轉世重生

美國讓我非常失望。

我在其中一本書中說過，其他社會締造了文明；我們建造的是購物中
心。

——比爾‧布萊森（Bill Bryson）

　　梅西百貨前執行長揚‧克尼芬（Jan Kniffen）日前接受財經新聞台
CNBC 專訪時說：「我預測有三分之一的商場會比我們預想的倒更快。」[1]

　　有多快？根據克尼芬的說法，比預期的整整早十年。克尼芬並不是唱衰
一切的末日論者；他是一家百貨公司的前執行長，在零售業有數十年的經驗。
他也並非唯一一個看壞購物中心前景的人。

　　實際上，早在二〇一七年，瑞士信貸就指出，多達二五％的美國購物中
心最快將在二〇二二年熄燈結束營業。這預測是在新冠疫情爆發之前。而今
分析師大幅加碼，預測新冠大流行病之後，不敵疫情血洗而關門的家數恐怕
是這數字的兩倍。

　　購物商場發現自己處在一個完全未知的領域。由於新冠疫情的影響持續

發威，重創購物商場，導致這行業瀕臨內爆，若真的內爆，恐造成災難式後果，讓金融市場在二○二一年一整年都到咧等。

下一波大賣空

二○二○年五月，《華爾街日報》報導指出，在五月的第一週，對喬治亞州、德州等七個州重新開業的購物中心做了抽樣調查，結果發現，人流量比前一年同期平均下降了八三％。七月左右，對美國顧客的調查顯示，三二％的消費者覺得到購物中心逛街「不安全」或「非常不安全」。[2]

就連提到高檔百貨鐵定名列前茅的諾德斯特龍也決定叫停。這家老牌公司執行長艾瑞克・諾德斯特龍（Erik Nordstrom）表示，公司正在轉型，不再一味依賴實體零售。旗下購物中心實體商家的營業占比為三六％。

在消費者覺得逛街安全無虞之前，商場完全恢復正常營運的可能性幾乎是零。即使藥廠推出有效的疫苗，但疫苗配送與施打的複雜性顯示，這樣的安全感可能還要再等一陣子才會恢復。

商業不動產危機

雪上加霜的是，約六成的購物中心靠百貨公司進駐坐鎮，維持商場營運，但是美國地產顧問公司「綠街顧問」（Green Street Advisors）的報告指出，商場裡約五成百貨公司可能在一年內結束營業。[3]

影響所及，租金的損失只能由購物中心的業主（房東）吸收，讓購物中心營運承受極大壓力。其中許多購物中心已陷入困境。例如在二○二○年九月，《華爾街日報》報導指出，房地產投資公司「喜達屋資本集團」（Starwood Capital Group）「最近發生債務違約後，喪失了七家購物中心的控制權，交出該公司七年前以十六億美元收購的物業」。[4]

物業投資公司面對租戶違約以及瘋狂波動的信貸市場時，這類的債信違約與損失並非特例。

　一些房東不惜承接破產零售商的股權；例如美國購物中心的大業主「西蒙地產集團」（Simon Properties）接手 Forever 21 與傑西潘尼連鎖百貨的一部分股權。西蒙地產集團的執行長大衛・西蒙（David Simon）在一次財報電話會議上表示，公司之所以做這樣的投資，是因為（用他的話說）：「我們認為這些投資會有回報。」[5] 只不過外界不太清楚如何能獲得回報。

　除了租金不會斷炊，如何靠收購傑西潘尼這樣的殭屍公司獲利？包括我在內的諸多業界人士認為，收購傑西潘尼的股權只不過是困獸之鬥、垂死掙扎。若非要說什麼的話，這顯示購物中心業主多多少少把自己逼入了困境，以及過於依賴特定的主力租戶。

　隨著業主嘗到苦頭，他們很可能停止為抵押的物業繼續支付貸款，其中許多物業已經不值得繼續抵押給銀行作為借貸資金之用。實際上，《華爾街日報》最近的一項調查發現，在新冠疫情爆發之前，購物中心已岌岌可危。針對二〇一三至二〇一九年新增的六千五百億美元抵押貸款所做的研究發現，「即便在正常經濟時期，被抵押物業的淨收入多半低於放款機構承作的金額。」[6]

　這顯示，成為研究對象的抵押貸款是次級抵押貸款，早在二〇一九年六月就已被外界所知並示警，當時國際清算銀行指出，美國與英國是這波令人不安趨勢的「領頭羊」。「近年來，信級評比低的企業貸款增加，意味著公司債市場愈來愈不穩定。」[7] 疫情前就已「不穩定」，現在則是更恐怖。

　該報告接著指出：

　　研究顯示，一・四兆美元的商業性不動產抵押貸款證券（CMBS）存在風險，CMBS 係將購物中心、公寓華廈、旅館等不動產包裝成債券，讓投資人認購，惟 CMBS 往往有政府擔保。研究結果顯示，

在新冠疫情之前，賣給投資人的 CMBS 往往誇大收益，一旦經濟走
下坡，可能不易維持既有的水平。[8]

換成白話文就是「你的退休年金就在剛剛化為烏有」。一如二〇〇八至
二〇〇九年爆發金融危機之前，華爾街這次又故態復萌，偏好把次級抵押貸
款包裝成炫目的新型投資商品。繼住宅抵押貸款這不堪一擊的紙牌屋轟然倒
塌後，華爾街這次把觸角伸向商業不動產抵押貸款，再次搭建了不堪一擊的
紙牌屋。

信貸危機

各位朋友們，這就是你們製造全球信貸危機的方式。銀行貸款大批金
額給零售業，背負鉅額商業債，而今這些銀行擁有的次級抵押貸款（白話文
是垃圾），擔保物是無法產生足夠收入支付貸款利息的物業。同時，許多這
類商辦不動產的貸款被組合包裝成證券，標榜高品質（而今我們知道其實不
然）、有抵押物擔保的投資商品，賣給投資人。這意味著經濟可能到了崩潰
的邊緣，不僅全球商業不動產面臨崩盤，連銀行、機構投資人的曝險也到了
令人害怕的水平，因為他們持有的資產不再符合當初的信評等級。

這種潛在狀況是否會升級到二〇〇八年那樣的金融危機？目前不易斷
定。但是這現象的寓意在於：即便這種末日假說沒有發生，即便消費活動恢
復到疫前的水平，購物中心也不復往日榮景：畢竟現在的世界有愈來愈多其
他事可做。

我們怎麼會走到這一步？

為什麼購物中心（尤其是西方的購物中心）會淪落到如此悲慘的下場？
首先，在美國一千多個購物中心中，近五〇％係靠傑西潘尼與西爾斯這種老

字號的百貨公司進駐，猶如死因漫步，距離走入歷史只是早晚之事。此外，逾六〇％的購物中心靠維多利亞的秘密（Victoria's Secret）等中階品牌商吸引人流，[9]這些品牌商在疫情期間受創尤其嚴重，不過早在疫情之前，這些品牌的人氣便已下滑。然而實際上，購物中心沒落絕非美國獨有的現象。

在二〇一八年底，英國廣播公司（BBC）報導指出，英國有兩百多家購物中心瀕臨危機。[10]根據這篇報導，許多搖搖欲墜的購物中心業主是美國私募股權公司。在加拿大，購物中心巨擘卡迪拉錦繡集團（Cadillac Fairview）決定把營業時間縮短三〇％，力求擺脫破產的命運。

其實我們無須費神研究這些數據也能理解，何以我們將目睹為數不少的購物中心會一個接一個倒下。數字與統計數據只不過列舉了我們多數人已經知道的現象。大家都曉得，購物中心是工業時代的商業模式之一，而今世界不再需要它們，購物中心遂跟著式微消失。這是因為現代購物中心這產業一開始係建立在三個基本要件上。

管道與途徑（Access）

在一九七〇年代末與八〇年代初，我才十幾歲時，購物中心基本上是現代版的網際網路或是臉書，是我們和朋友與家人聚會的地方。當時的購物中心彷彿現代版的交友軟體 Tinder，在那裡開始……與結束一些關係。當時的購物中心是現代版的網飛，裡面有電影院，可能還是鎮上唯一的電影院。當時的購物中心是現代版的 Uber Eats，裡面有美食廣場，提供各式各樣餐點。那時的購物中心是現代版的 Ticketmaster，往往是當地唯一可以預定現場演唱會、體育賽事等活動門票的地方，除非你寧願在活動當天提前幾小時去排隊，以便獲贈一條腕帶。最後，那時的購物中心是現代版的亞馬遜，是大家一站購足的地方，貨架上的商品琳琅滿目，依類別、品牌與產品陳列。

今天的購物中心以販售服飾為主，品牌之多，讓人目不暇給。但過去的購物中心不一樣，你想買什麼，商城裡應有盡有，從涼鞋、雪地輪胎、割草機、乃至口紅，要什麼有什麼。搞不好你還能在商場裡順便看個醫師，檢查一下身體。在地的購物中心是中產階級生活的重心，是商業活動的基石，是中產階級家庭的孩子和親友駐足逗留的地點。商城提供了管道，有時甚至是顧客接觸品牌、產品、社交圈、娛樂活動的唯一管道與途徑。

而今在後數位時代，購物中心已不能滿足上述任何一項功能。一如智慧手機終究取代了大約四十種其他可獨立購買與使用的電子設備，網際網路也不費吹灰之力取代了購物中心過去提供的一切功能。實際上，我們可以說，全球最大的購物中心就安坐在你的手掌上。提供的商品與服務選項之多，一般的購物中心相形見絀，猶如週末的後院跳蚤市場。

此外，如果網路商家成功打造了一種技術，能夠讓顧客虛擬試穿衣服、鞋子和其他物品，讓顧客能更自信地在線上購衣，實體購物中心恐會發現自己陷入困境，面臨一波可能是致命的商家出走潮。

經濟學

二戰後中產階級崛起帶動北美洲購物中心的發展。而今中產階級的消費人數銳減，猶如面臨瀕危的雪豹，但中產階級一度曾是消費主力。

在二戰後的已開發國家，政壇跨黨派合作扶植栽培中產階級，透過專案，提供歸國大兵教育機會、購屋貸款以及保護勞工組織等等。不過自一九八〇年代初以來，許多國家的中產階級不斷在消失中，到了一九八〇年代末與九〇年代，儘管有雙薪收入，但一般家庭還是過得水深火熱，幾乎跟不上通膨的腳步。

工會影響力瓦解、工資遭到壓抑、工作機會外移，遑論機器人、電腦等這類破壞性創新科技上路，這些因素導致了兩種結果：企業的利潤與股票價值創新高，而美國與海外中產階級受薪員工的薪資停滯不前，讓人擔憂。更直接地說，從一九七八年至今，美國受薪階級的工資上漲了一二％。相形之下，執行長的薪資漲幅更大。有多大？九二八％！是的，你沒看錯。根據經濟政策研究所（Economic Policy Institute）的數據，今天執行長的薪資和一九七八年相比，漲了九四○％。因此下一次你開車進「得來速」買餐時，聽到員工意興闌珊的聲音，應該會了解背後緣由。

同時，房價、醫療保健、教育等費用也飆漲。例如在一九七九至二○○五年期間，貸款本息攤還金額上升了七六％，醫療保險費增加七四％，汽車費用增加五二％（許多家庭需要兩輛車），育兒費上漲一○○％，雙薪家庭的所得稅率高達二五％。[11]

有錢人和窮人之間的差距愈來愈大。

今天八○％以上的美國股票由社會上最富有的一○％人口持有。[12]

在二○一八年，亞馬遜員工中位數年薪是三・五萬美元。然而在二○二○年一月三十日，才短短一天，亞馬遜執行長貝佐斯的財富因股價飆漲，暴增了一百三十億美元。

二○二○年，美國的儲蓄率來到五十年來新高，但是對於我們底層九○％的人而言，儲蓄率再高，其占比也只略高於總收入的一％。在此之前，很長一段時間，儲蓄率其實是低於零。不過對金字塔頂端一○％的人口而言，儲蓄率占比已逾總收入的一○％；至於頂端一％的人口，儲蓄率更高達四○％。

美國上一次提高最低工資是二○○九年，亦即大衰退最嚴重的時期。當時聯邦最低工資是每小時七・二五美元。自那以後，美國的生活費平均上漲了二○％。[13] 某些特定的開銷，例如住房開銷（房價與房貸）以及教育費，增幅更是顯著。

新冠疫情只會加劇貧富的鴻溝。

　　這導致了今天的局面，一邊是高檔精品街，另一邊是暢貨中心，兩者之間隔著數百萬計平方英尺大、一堆壞消息的購物中心。購物中心原本係為了中產階級消費者所設計，但這些人愈來愈少，逐漸消失中。

郊區化

　　西方百貨公司的發展與成長，時值戰後大批民眾湧入郊區，加上可取得大量廉價瀝青鋪設的柏油路，以及民眾滿心期待能到商場工作等現象推波助瀾，還有中產階級居民也希望開著車到商場花掉他們手上熱騰騰的美金。在一九五〇年代至九〇年代，業者興建購物中心的速度遠不及強勁的需求。不過這潮流在進入二〇〇〇年代後丕變，工作、財富、收入由郊區重返大城市，一些位於市郊的購物中心斥資改建重整，重新定位，成為精品購物中心，但是多數購物中心並沒有這麼做，因此一蹶不振。自二〇〇七年開始，美國一直沒有興建封閉式大型購物中心，直到最近才有新秀加入，包括紐約市的哈德遜廣場（Hudson Yards）、紐澤西州的美國夢（American Dream）等超大型購物中心。而今受到新冠疫情衝擊，就連這麼潮的購物中心，未來也是岌岌可危。

我們不賣帳篷

　　短期內，我們會看到郊區購物中心被重新定位用途。自二〇一七年以來，愈來愈多商城經過改造，成為工業空間。靠近客戶聚落的購物中心被改建成履行訂單最後一里距離的出貨中心（fulfillment center）或是變成倉儲設施。在二〇二〇年七月左右，僅僅美國就有五十九個這樣的專案在進行。[14]

　　在二〇二〇年八月左右，據悉亞馬遜已與西蒙地產集團展開協商，希望接管已經結束營業的西爾斯百貨賣場。根據報導，亞馬遜計畫將這些閒置空間改建成小型物流中心。此舉如果成功，不僅有助亞馬遜縮短出貨時間，也能大幅降低成本。

其他公司，如英卡集團（Ingka Group），宜家家居（IKEA）遍及全球的賣場幾乎都在它名下。英卡預測，新冠疫情會導致大城市或市郊的房地產走跌。以下是改造賣場的廣泛行動之一。在二○一五年，我的公司與宜家合作一個專案，我們斷定，若宜家要繼續保持成長態勢，必須要更積極地滲透到城市的心臟。因此，我們想出了一套都市生活的設計概念，讓宜家把廚房、浴室、收納等業務帶入各大城市，吸引更年輕的高薪族。宜家自此增設了幾個這種概念的賣場，並計畫推出更多個。精選的郊區購物中心成了宜家下一個布局的對象。

一如食物鏈，某個生物的殘骸會成為另一種生物續命的食物。

一些人士與單位（包括非營利的倡議團體）甚至呼籲政府介入，將垂死的購物中心改建為收容低收入戶的社會住宅。但是正如其他人所言，將購物中心改建為永久性住宅，花費的成本可能超過歸零後重新出發。

這一切都讓我們回到不可避免的相同結論：購物中心是工業時代的概念與產物，現正努力摸索與後數位時代的關聯性。變成純為消費性目的而存在的購物中心也許會成功，但地位有升有降，肉眼可見地分立在價值光譜的兩端：要嘛是折扣店，要嘛是精品店。最終兩者涇渭分明的界線也會消失，因為進入電商時代，不論是高價的精品或是折扣商品，在網路上都愈來愈普及。

針對上述購物中心沒落的各種理由與原因，可發現一個更關鍵的事實。購物中心之所以走到生命的盡頭，係因他們背後的業主與經營公司仍然相信，他們做的是商業房地產業。

但是馬克‧托羅（Mark Toro）對商場有截然不同的看法。

托羅是北美房地產開發公司（North American Properties）的董事長，

該公司的總部位於亞特蘭大，專門設計與興建綜合用途的商場。該公司最新推出的專案中，包括一個名為阿瓦隆（Avalon）的獨特性綜合商場，位於喬治亞州的阿爾法利塔（Alpharetta）。我第一次採訪馬克時，問了他在商業不動產領域的年資，他回道：「我從事的不是商業不動產，而是酒店與娛樂事業。」

「等等……你說什麼？」我心想，「這話我可是前所未聞。」

我和馬克漸漸熟了之後，更進一步了解他的公司，也慢慢清楚他那句話的意思。例如該公司在阿瓦隆每年舉辦約二百六十場活動，平均一週五場之多！有些活動可以吸引附近區域數千人湧入捧場，而這盛況還滿常見。音樂會、露天電影之夜、煙火秀──我的天，還有人在阿瓦隆舉行婚禮！此外，馬克的團隊會參加麗思卡爾頓酒店提供的待客課程，他們不稱自己是商城管理階級，而是「經驗製造者」（experience makers）。他們不只掌握零售業的脈動，也認真研究它。被問及他們提供的究竟是什麼時，托羅自豪地說：「我們交換人與人之間的能量。」[15] 他認為這種能量具有感染力，是零售服務業成功的基石。

這正是大多數購物中心開發公司與管理公司的問題所在。他們認為，自己做的是購物中心事業，只要會蓋商場、談判長期租約、維修物業、向進駐的零售商以及餐飲等商家收租（通常按照營業額抽成）。

但是他們沒有意識到，這行業二十年前就已走到生命盡頭。其實值得一問的是，「購物中心」一詞是否還有存在的意義？畢竟當今網路零售業快速成長，在新冠疫情爆發前，成長的速度幾乎是實體店面的四倍。作為一種模式，購物中心已經是過去式。最近的辯論圍繞美學打轉，諸如購物中心應該更大還是縮小？應該增加還是減少商家的數量？要蓋雲霄飛車嗎？要增建滑雪道嗎？要蓋更多還是減少購物中心的數量？

上述所有問題的答案取決於這個非常重要的問題：你想提供什麼樣的故

事？

　　這麼想吧。當太陽馬戲團構思新作時，團隊一開始集思廣益，不會討論到演出時帳篷的大小或顏色，畢竟太陽馬戲團的主業不是販賣帳篷，而是創造非凡的故事。

　　所以太陽馬戲團的團隊一開始會投入創作，寫出獨特又生動的故事。什麼樣的故事？有哪些角色？如何透過馬戲團的特技表演讓故事栩栩如生？打算帶給觀眾什麼樣的體驗？直到這些問題有了答案，否則不可能知道新作演出的規模有多大，不知道新作的規模有多大，就不可能決定帳篷的大小與外觀。

　　因此，商業不動產界的最大問題是，大家仍認為自己做的是帳篷生意，未能理解儘管帳篷很重要，但是大家來購物中心不是看帳篷，而是看秀。

　　那麼未來的購物中心究竟是什麼？和工業時代的祖先有何區別？有關設計的部分，我留給建築師。但是根據我的經驗，以下是幾個購物中心的經營要領。

具在地感的真實地點（actual place）

　　我在二〇一八年末訪英期間，參觀了位於倫敦國王十字區新落成的購物中心，名稱叫「卸煤場」（Coal Drops Yard）。這個複合式前衛購物中心坐落在維多利亞時代留下的運煤列車調度場，由知名建築師湯馬斯‧海澤維克（Thomas Heatherwick）操刀設計。審美觀因人而異，所以有人力讚海澤維克的設計，有人則沒那麼追捧。

　　不過無庸置疑的是，卸煤場捕捉到當地獨特的特色。國王十字區真實存在的老舊建築、悠遠曲折的陰暗歷史，被完美地詮釋與再現。海澤維克的設計提供了一個界線分明的中央廣場，廣場裡的房子造型多元，商場重現狄更斯時代的調性，並提供商辦空間，還在購物中心裡面以及周圍規畫旅館與餐廳。

　　購物中心應該是「真實的地點」，這不是廢話嗎？但實際上，當今許多購物中心不外乎龐大的水泥盒，周圍是大片瀝青鋪設的柏油路（大型停車場）。他們沒有提供獨一無二、鼓舞人心、具當地特色的東西。有些購物中心除了名字之外，和所在社區與生活圈毫無交集。這樣的購物中心多一個或少一個都沒差別。

　　不是每個購物中心開發案都能成為卸煤場，其實也無必要。但是無論你選擇在哪個地點興建購物中心，都要把它想像成一個舞台，可以演繹百分之百獨一無二的故事。舞台愈是真實自然，會吸引愈多人。購物中心呈現的地方感（sense of place）愈強，大家愈可能往那兒聚集。

能正常運作的社區（functioning community）

　　美國建築師維克多．格魯恩（Victor Gruen）被公認為現代購物中心之父，從沒想過要建造我們今天在社區看到的龐然大物。實際上，他一九七八年過世前說過：「我常被稱為購物中心之父〔……〕，我希望藉此機會一勞永逸地摘掉這個頭銜。我拒絕為那些劣等開發案買單，支付他們贍養費，因為他們毀了我們的城市。」[16]

　　正如傳說所言，格魯恩的初衷是建造類似於羅馬小販市集或希臘阿格拉廣場那樣的購物中心，提供社區民眾相聚的空間，與人群互動交流。

　　走在歐洲城市的街上與巷弄，我敢打包票，你一定有辦法找到公共廣場或是市民聚會的空間，一個體現格魯恩最初願景的地方。實際上，許多城市一開始的設計就是為了引導民眾進入市中心的市集，幾千年下來，仍是如此。我們人類是渴望歸屬感的社群動物。我們對瑜伽褲的品味可能會變，但我們對社群的需求從沒斷過。因此，購物中心的設計首重滿足這個前提，購物中心必須成為社區居民聚會的地點。少了這個不可或缺的關鍵，其他一切都是空談。

歐洲的市中心廣場或公共廣場的另一個妙用是，民眾在這裡生活、工作、吃飯、睡覺與玩樂。廣場是實體交流以及能正常運作的社區。交流是人類自然而然的活動，而其營造的熱絡氣氛，猶如磁石吸引大家聚集。

不管你的購物中心位於郊區還是城市，一個名副其實複合用途的社區，本身內含的能量，以及生活圈裡的居民，是打造重中之重在地感的必備條件。

購物中心是傳媒網（Media network）

愈來愈多零售被數位平台瓜分，實體零售店的營業額自然而然跟著下降，面對這種趨勢，愈來愈多零售商必須開始在這兩件事中二擇一：要嘛關閉實體店面，要嘛如第六章所提，讓實體店轉型，不再只是零售的通路，而是傳媒網。購物中心要轉型，經營者必須同步改變思維，把購物中心視為傳媒網，類似 HBO 這樣如實反映自己名字（家庭電影院）的有線電視頻道。HBO 負責製作優質獨特的電視節目與電影，同理購物中心作為傳媒網，也必須設計獨特的節目、特別活動、社區聚會，吸引觀眾關注各個零售商販售的商品。因此，購物中心得更積極布局，讓顧客對進駐的品牌與商家留下不錯的印象。換言之，不再靠零售商提升購物中心的人流，而是反過來，購物中心必須替零售商創造人流。

照此邏輯，我認為購物中心的傳統行銷團隊必須蛻變，成為更類似於電視節目的製作小組。購物中心必須是一年三百六十五天不停播的綜藝秀，幕後的製作團隊不僅要事先預做規畫，也必須能夠隨機應變，根據所在社區的情況隨時調整計畫。這麼做的目的是把觀眾吸引到購物中心，就連那些不打算購物的人也受吸引進入購物中心。有觀眾，才能為購物中心的零售商創造「收視」價值。

嶄新的營收模式

這種讓實體零售商轉型，成為一個網媒，儘管是顯而易見的趨勢，大家卻視而不見。在不久的將來，購物中心這行總會有人創造全新的營收模式，不是因為他們想這麼做，而是不得不為。在一個即將被網路零售支配的世界，我們不能再把租賃協議完全建立在今日沿用的傳統銷售指標與租賃條款上。若零售商愈來愈願意把實體店面的空間視為一齣戲（media play），精心編排以便爭取新客源觀看，那麼購物中心必須了解與正視每一位消費者對某個品牌的印象。歸根究柢，消費者對品牌的印象是購物中心業主最寶貴的資產，但鮮少人試圖評估品牌印象的金錢價值。

因此我們需要一個新公式，這公式必須建立在購物中心內的零售商如何取得消費者對其品牌的印象。一如國家廣播公司（NBC）或哥倫比亞廣播公司（CBS）等電視台，會先了解收視觀眾的人數與人口結構，才知道該在哪個時段播放什麼節目，所以購物中心也必須開始巨細靡遺地了解顧客的喜好，才能擺出正確的零售陣容，滿足顧客的需求。更重要的是，購物中心必須擅長推陳出新，製造新的理由，讓顧客樂於一再上門。

錯失恐懼的機器（FOMO machine）

人類史上，最強大的行銷工具莫過於「錯失恐懼症」（fear of missing out, FOMO）。FOMO 無疑是最有力、預測最準的客戶誘因。一項以千禧世代為研究對象的調查發現，近七〇％受訪者表示，他們曾因為錯過某事而感到焦慮。[17] 我們每個人對這結果應該都不會訝異吧。畢竟現在這個世界，幾乎所有東西看似用不盡、有隨需服務（隨叫隨到）、看片不受播放時間限制、產品大規模製造，因此若真的錯過什麼，心情鐵定非常不爽。購物中心的角色就是製造這樣生怕錯過的時刻、活動、見面會、壯觀表演等等。透過提供一生一遇、錯過會遺憾的娛樂與嗨爆的活動，為購物中心累積大量的忠實粉絲。若這些活動進一步附帶門檻與限制，無疑會讓 FOMO 這把火燒得更旺。

總而言之，最重要的是：購物中心的角色在於創造你在其他地方體驗不到的東西，而這需要過人的創造力。

如萬花筒般千變萬化

我們生活在手滑的世界。網際網路已把我們的腦子訓練到期待甚至渴望千變萬化、不停地追求一個又一個新鮮感。我們飛快地瀏覽落落長的 IG 帳號，一路「按讚」了數百張照片。我們在臉書快速地向下捲動看似沒完沒了的動態消息，檢查世界發生了什麼新聞。在網飛，新上架的電影片單多到數不清。

然後我們去購物中心，逛著逛著，發現進駐的兩百家零售店和原來一模一樣，讓我們求新鮮感的靈魂潰不成軍。這些零售店賣的商品幾乎千篇一律，銷售方式也大同小異，似乎數十年如一日，停格不動。

坦白說，任何存在於實體世界的事物，免不了要和網際網路提供的變化多端與新鮮感爭高下，畢竟我們已被網路溫水煮青蛙，習慣了求新與求變。因此，購物中心的設計必須能提供更多元與不斷推陳出新的商家、娛樂設施、美食選擇、體驗等等。

同樣地，實體空間的設計應該更靈活，隨時能夠重新配置，容納短租商家、快閃商家、活動、花車攤位等等。每隔四至六週，購物中心的外觀、感覺、聲音、氣味、活動，都應該煥然一新，讓當地居民不乏理由，樂得一再光顧。

你永遠不會買不到 lululemon 瑜伽服或 Levi's 牛仔褲，但你也不會因為要添購這些服飾而非去購物中心不可。這話並無貶低之意，實際上這兩家都是口碑極佳的品牌，我只是陳述事實與現況。購物中心經營者本身的創意能量才是最終決定購物中心成敗的關鍵。

一個平台而非購物中心

　　不該把購物中心視為硬資產，靠著每一寸可收租的空間維生。反之，未來的購物中心更像是無遠弗屆、可連網的平台，同時存在於數位以及實體世界。這平台可開放給承租戶、購物者、維修服務供應商以及在地社區居民使用。

　　開放給購物者的平台

- 消費者和購物中心之間的雙向溝通平台，以利滿足任何需求
- 涵蓋多個通路（線上到線下或反之亦然）的商務活動
- 提供多元的會員方案，會員可享優質的服務與體驗，以及參加特殊活動的優先權
- 提供跨類型的個人化購物服務
- 觀看現場活動與串流影音娛樂的樞紐
- 完全可用手機等行動裝置搜尋的空間（如零售商、品牌、產品等等）
- 成為顧客人生裡難忘時刻的背景

　　開放給社區的平台

- 提供舞台支援當地提出的倡議與訴求
- 提供即時資訊，說明中心的永續經營與社會責任倡議

　　開放給租戶的平台

- 提供租戶即時的市場情資與數據來源
- 提供零售商、娛樂業者、餐飲店機會，測試非傳統租賃概念

- 即插即用的平台，以利電商與實體商家快速進駐
- 支援新創零售公司的育成平台，並提供融資
- 提供物流服務，支援送貨到府、線上購物線下取貨、國際送貨等服務
- 可作為拍片現場，製作吸引人的現場或預錄節目

當購物中心在大家眼中不再只是龐大的實體水泥結構，而是善用技術的靈活平台，上述一切都可能成真。

原型天堂（ARCHETYPAL PARADISE）

最後，最佳購物中心對於租戶組合（tenant mix）採取的路線，和我建議零售商解決其定位問題的路線一致。購物中心須確保每一個承租的商家有明確的目的與價值。購物中心不是一堆傳統單調乏味品牌的大雜燴。想像一下若購物中心淨是充滿原創性的商家，每一寸空間都有血有肉有溫度，能滿足客戶的需求與疑問。商家被購物中心選中進駐，因為他們的文化、娛樂、專業、產品深具吸引力，而且能充分體現獨特的店內體驗。

總而言之，世界不需要再增建更多的購物中心。我們要的是獨特、真實的聚會場所；如馬克·托羅所言，充滿人氣與活力的地方。今天的世界，我們只需動動手指，琳琅滿目的產品就近在眼前，想要什麼東西，輕點兩下即可。因此「購物中心」這個工業時代的產物，在後數位時代以及後疫情時代，別無選擇，只能轉型，努力融入社區生活圈，成為社區的中心。

|第 **8** 章|
零售復興

灰燼重燃熊熊火

暗影冒出熠熠光

—— J. R. R 托爾金（J. R. R. Tolkien）

　　快完成這本書時，我在地下室重新整理一些東西，碰巧發現了一本被我完全遺忘的書。書名是《商業的浪漫》（*The Romance of Commerce*），首刷版，作者是哈里·戈登·塞爾福里奇（H. Gordon Selfridge），英國同名百貨公司的創辦人，至今仍被視為歷來最偉大的零售商之一。這本書是一位厲害的客戶好心送給我的。這本書很厚，裁切與裝訂粗糙，但版畫插圖精美，被認為是探討零售史最全面也最重要的作品之一。

　　更巧合的是，它的首刷是一九一八年，大家不覺得毛毛的嗎？聯想到什麼了嗎？是的，一九一八年西班牙流感。我想知道，一百多年前，塞爾福里奇在西班牙流感爆發期間寫下他對零售業的看法時，腦裡到底在想什麼？是否想過，一百多年後，零售商以及像我這樣的零售業作家會和他遭遇一樣的處境？如果他今天還在世，會給我們什麼樣的建議？會傳授什麼樣的智慧讓我們撐過難關？

　　我坐下來翻閱書頁，有一段落立即抓住我的眼球：

世界已成熟，可接受新的哲學；從最廣泛的意義上來說，世界或許
已成熟，可以接受不一樣的宗教。我們渴望更高的理想、更高的抱
負，超越人類迄今想得到的標準。我們的眼界有限。我們已能夠也
確實改善了人類的環境與健康。我們的生活愈來愈容易。我們擁有
許多聰明的設備，成為生活上的好幫手。我們能夠也確實精進了我
們做事的方式與系統。這些並不難，因為達到十全十美之前，一路
上還有太多事要做，但我們的思想與眼界確實有限。[1]

　　這段出自一百多年前的話，在我看來，到今天都還適用，而且切中
要害。零售業雖然隨著時間推移而進步（progress），但稱不上**積極進取**
（progressive）。我們今天一樣有許多「智慧設備」幫忙，多到超出塞爾
福里奇想像，但是沒有一樣東西能讓零售業變得偉大，至少到現在還沒有。
我們的腦袋雖然變得更聰明，但缺乏敢做大夢的眼界與創意。

　　為了效率以及追求不斷成長的利潤，我們把藝術性以及戲劇性抽離了零
售業。如果塞爾福里奇在世，逛了今天的商場，他會有多失望啊，因為他只
看到了冷冰冰水泥蓋的消費大教堂，在這些現代人稱為量販店、大賣場或購
物中心裡，少了業者能夠也應該提供的熱絡活力、表演活動、悸動等等。

　　我們今天經營的供應鏈或可更精緻些，但實際上只是延續了過去棉花貿
易的做法。儘管我們大談什麼公平貿易，卻對俯拾即是的不平等、現代版奴
隸制等問題視而不見，只要一切有利我們取得廉價的勞動力。儘管我們零售
業愈來愈清楚知道自己對環境造成的破壞，但是並未因此實質減緩我們的鹵
莽行為。

今天我們所處的世界裡，一部分人為了滿足他們有增無減的物質欲望、累積更多財富的欲望、渴望周遊列國的欲望，而掠奪其他文明（國家）的資源、權利、勞動力。當他們掏空某個國家能夠提供的所有價值後，轉而又去剝削另外一個國家。這現象已持續了幾百年甚至幾千年之久。

大家可能由此得出這樣的結論：認為我們已經迷失、無希望可言。但我們也可換個角度看待當前的困境。也許新冠疫情是宇宙藉此拍拍我們的肩膀，說道：「你們人類在幹什麼？」也許疫情可鼓勵我們這個地球村，正視我們彼此的連動性（interconnectedness）。此外，或許這也是我們零售業該徹底改變的時候。

我的意思是，我們當中任何有良知的零售業者，誰會設計出這麼一個大家今天所知的零售系統？

更重要的問題是，誰可以出來收拾殘局？

可惜的是，這人可能不是政治領導人。

品牌成了新教會和新國家

其實，作為一個地球村，我們對政府的信任程度正以斷崖式速度筆直下墜。皮尤研究中心二〇一九年的民調顯示，僅一七％美國民眾表示，他們信任政府「做的是正確的事」。[2] 在一九六四年，這數字是七七％。同樣地，一項針對英國三萬三千多人所做的調查發現，逾三分之二的受訪者不覺得任何一個主要政黨可以充分代表他們。

讓我們焦慮的另外一個現象是，我們傳統上依賴機構與體制（政府機構）維持我們的社區意識以及公民素養，但這些體制本身已嚴重分裂、兩極化、黨派化，以至於拉大了社會的意識形態鴻溝。最近一項研究顯示，「七二％美國消費者認為，政府和政治領導人在分裂社會這件事上，扮演了重要角色。」[3] 新冠疫情可能只會惡化這樣的想法。

　　在世界許多地方，制度性宗教的吸引力也漸漸褪色。根據倫敦聖瑪麗大學在二〇一八年針對全歐所做的調查發現，聲稱自己「無宗教信仰」的年輕人比例激增。例如十六至二十九歲的瑞典年輕人中，高達七五％表示自己完全沒有宗教信仰。[4] 該研究也發現，在西班牙、荷蘭、英國、比利時等國，大多數同一年齡層的受訪者表示，自己從未參加過任何形式的宗教活動。北美洲自稱基督徒的人數同樣在下降，反觀無神論者、不可知論者、「無所謂論者」則相對增加。

　　問題是，對政府、教會等機構的信任不斷下降，並未抑制我們人類追求歸屬感、生活目的與人生意義的基本需求。我們需要融入與我們道德觀一致的社區與社群，這種需求根深柢固存在於我們人類的骨血裡，因此不管我們對社會或政治多麼不滿，都無法榨乾我們這個需求。我們必須找到一個能讓我們相信的人或東西。

　　結果社會這個真空狀態（societal vacuum）需要驍勇無畏的品牌來填補。愛德曼公關公司（Edelman）二〇一八年訪問了全球八個市場約八千名消費者，發現近三分之二受訪者的購買決定係根據品牌對社會或政治問題的立場與傾向而定。更重要的是，五三％受訪者相信，品牌比政府更能解決社會問題。[5] 讓這想法先沉澱一下。我們多數人今天對產品的信心已超過傳統的社會機構，相信品牌比傳統社會機構更能改變世界。

　　因此品牌遇到了獨特、可改寫歷史的機會：廠商可能超越只是個跑步俱樂部或提供瑜伽課程的產品而已，一躍而成全球性的「品牌國」（brand-nations），填補政府與宗教滿足不了的各種空虛，包括價值觀、生活意義、歸屬感等等。

　　但若這注定是我們零售業自我救贖的時刻，顯示我們要在疫情後打造一個徹頭徹尾全新的事業。

供應鏈係為不確定性而建，而非看在減少成本分上

在疫情爆發的最初階段，全球零售業結構中最先崩潰的一環是供應鏈。一些零售商發現自己收到一堆無貨可賣的訂單。有些零售商不得不向製造廠商取消訂單，或是直接拒開發票。還有一些情況，零售商甚至收不到他們亟需的商品以便維持正常營運。這些問題並非有人搞鬼，而是全球零售業集體打造的系統所具備的特色，以便滿足一個自私的需求：把成本壓到最低。

約翰·索貝克（John Thorbeck）認為，這現象即將改變。索貝克是諮詢顧問公司 Chainge Capital 的執行長，該公司專門協助品牌業者創造更有韌性與可持續的供應鏈系統。

在他看來，我們過去幾百年來一直以降低成本為訴求打造供應鏈。這麼做代表必須愈來愈依賴長期的需求預測與規畫、拉長交貨週期、下大筆的訂單，以及不斷在全球各個角落尋找更廉價的勞動力。這些做法意味著零售商必須投資更多資本在前端，以便支持低成本的競爭優勢。

然而索貝克指出，這種想法恐增加後端的固有風險（inherent risks），一旦發生大流行病，這類風險會讓零售業直接陷入自掘的墳墓裡。

因為天災、政治動盪與內亂、全球大流行病的威脅等等，世界充滿愈來愈多的不確定性，因此索貝克的說法顯示，品牌商實際上正在增加其資本所承受的風險。再加上消費者愈來愈善變，他們唾手可得海量的資訊與有影響力的發言，導致業者愈來愈難掌握消費者的偏好。影響所及，只好跳樓大減價，或是銷毀沒賣掉的服飾與產品。

就連在新冠疫情爆發之前，時尚供應鏈尤其存在豪賭的高風險。零售業者預測未來的時尚趨勢與走向，提前數月下大筆的訂單，衍生的高風險包括供貨斷炊、客戶退貨，以及最後不得不大減價，導致利潤嚴重縮水。

根據索貝克的說法，一些零售商（例如Zara）已重新檢討這個做法：「他

們讓高風險的事業遠離風險。他們加速更新週期，因此零售店能更頻繁地更新款式，加速服飾流動，連帶顧客也更頻繁地光顧。當然啦，這也有助於提高獲利，減少大減價。[6]

索貝克說，在實務上，必須做到幾件事，才能建立有韌性的供應鏈，減少資本風險：

- 重新檢視目前供應鏈設定的目標，確定驅動這套供應鏈背後的目標以及指標
- 攜手合作夥伴，摒棄一味追求最低成本的行為，改而和所有供應鏈合作夥伴攜手擁抱講究速度、靈活度、韌性的行為
- 善用供應鏈相關技術，以利所有供應鏈夥伴能夠即時地交流數據、通訊、分享見解

漫長的交貨時間、勞動套利（labor arbitrage）、可笑的浪費行為都必須停止了。

少害也是害

我最近有幸採訪威廉・麥唐納（William McDonough），他是二〇〇二年撰寫《搖籃到搖籃》（*Cradle to Cradle: Remaking the Way We Make Things*）的共同作者之一，該書倡議突破性的永續設計概念，改寫我們製造東西的方式。討論到零售業的永續性時，麥唐諾說了一些我認為挑釁的話。他說，作為一個產業，我們不能再以**少惡少害**為目標，並以這目標為指標來衡量進步。他說，降低傷害和做好事是兩回事。

假設你住在密西根州佛林特市（Flint），有人告訴你，預計在二〇

二五年左右降低你家小孩體內的鉛含量，循序漸進一次改善一點，你大概會看著他，反問他：「**你是不是喝了太多鉛水？**」減排不管用，鉛是毒素，得立刻要求業者罷手，做到零排放。[7]

換言之，**少害還是害**，不能視為好事。我們為何要接受少害這個將就的結果？不管是減少海洋的塑膠垃圾、減少碳排放、還是容忍稍見改善的不平等現象，作為一個產業，我們落後於設定的目標。麥唐納指出，我們應該以去惡行善為目標。照他的說法，當我們停止用線性方式經營事業，改信奉循環模式，這時好康自會出現。

循環型經濟

循環作為一個概念，長期以來一直和環境的永續發展相提並論，但循環其實可廣泛應用於整個經濟。艾倫‧麥克阿瑟基金會（Ellen MacArthur Foundation）對循環所做的定義如下：「循環經濟的原則建立在不會製造廢棄物與汙染，產品與材料能重複被使用，自然系統可恢復再生。」

該想法主張在循環經濟裡，舉凡能源、資源、材料等，可藉再生方式，到頭來都能再利用、可回收、重回自然環境裡，供後代子孫使用。循環經濟不認為商品的製造與銷售是線性模式（亦即產品最終會變成無用的廢棄物）。循環模式主張，產品最終可被回收再利用。製程的輸出始終可成為另一個製程的輸入。

但我相信循環的概念可以（也應該）更廣泛地應用在其他領域，不再只限於環境議題。眼前的挑戰是如何在各個領域建立循環模式，首先可從經濟與社會不平等的現象著手。老實說，我認為，不平等的問題沒解決之前，要想解決氣候變遷等問題，根本是天方夜譚，為什麼這麼說呢？根據《衛報》二〇一九年的報告，孟加拉成衣廠員工的法定最低工資是八千孟加拉幣，相當於月薪九十五美元（約新台幣二六四五元）。[8]九十五美元不是時薪、不是日薪、連週薪都不到，而是一整個月的薪資。所以你們告訴我，要如何說服一個每月靠九十五美元養家餬口的婦女，更該關心的是無污染海洋以及大氣層的碳含量？簡單地說，這些問題永遠不會是她關心的重點，我們的所作所為，讓她每天只能想辦法拚命求活命。

不過我們當然也不用千里迢迢到孟加拉才能發現不平等的現象。我們這行就充斥各種不平等。第一線零售人員的工資僅夠餬口，反觀有些執行長助紂為虐造成公司破產，離職金卻高達數百萬美元。同時，美國零售業員工努力掙十五美元的時薪或大約三‧一萬美元的年薪，經過通貨膨脹率調整後，薪水其實遠低於一九七〇年同行的收入。事實證明，零售業一如其他行業，女性與少數民族是薪資不公的主要受害者。

這些都是線性營運模式下的症狀，該模式把所有的輸入（包括勞力）視為商品，用完就可丟。

循環型事業則有不同的觀點。在循環經濟裡，一個系統的產出可被另一個系統回收再使用：

- 公正公平的工資，讓員工能過上豐富、安全、充實的生活，確保他們能為自己的社區付出或做出貢獻
- 企業的製程能讓所在社區的經濟與環境實質受惠
- 安全、天然、無毒材料可變成食物或能源再次進入環境，供未來使用
- 產品可被再利用、轉賣、修復、回收，極大程度延長其用途

然而要做到這一點，需要全新領導品牌。

英雄崇拜（H.E.R.O Worship）

在二〇二〇年五月十五日，《紐約時報》以頭條新聞報導「為什麼女性領導的國家在新冠防疫上做得更好？」。當時紐西蘭總理阿爾德恩（Jacinda Ardern）、德國總理梅克爾、芬蘭三十四歲總理馬林（Sanna Marin）、台灣總統蔡英文等，都在新冠疫情爆發初期、兵荒馬亂期間，帶領各自國家取得優異的防疫成績。我們或可從中得出顯而易見的結論：女性領導人可能比男性元首更有能力帶領國家度過危機。這或許是實情。

不過對我而言，特別耐人尋味之處在於，當我們仔細研究大疫情期間，商業界男女領導力的榜樣時，結果發現他們展現的行為與特質和這四位全球女性領導人的表現雷同。這些行為與特質正是新時代商業的核心技能。

謙遜（Humility）

未來的領導人必須謙遜，願意承認與接受不確定性，也願意接受隨不確定性而來的脆弱感（vulnerability）。他們對自己的路線與做法充滿好奇；絕不會誇口自己是對一切瞭若指掌的萬事通；他們擅長預卜一些問題，帶領組織找出這些問題的答案。不管結果成功或失敗，他們一視同仁對待，將重心聚焦於組織能從過程中學到什麼東西。

同理心（Empathy）

未來的領導人對於他人的社會與經濟狀況比較敏感。他們能感同身受，拉近自己與員工以及客戶的關係——亦即花時間設身處地替他人著想。他們會積極傾聽，努力化解合作夥伴、客戶、員工的焦慮。他們會顧及所有利害關係人的利益與感受，設法保持公正與公平。

韌性（Resilience）

未來的領導人會自我激勵，不畏障礙與挑戰，很快能從挫折中恢復過來。他們天生喜歡嘗試新的方式、系統、流程。別人看到的是倡議（計畫）失敗，他們看到的是實驗成功上路。他們視危機為轉機，視改變為一股積極力量，值得擁抱。

開放（Openness）

未來的領導人尊重專家提供的意見與資訊，同時對整個產業保持更開闊的視野。他們天生樂於接受他人的看法，也歡迎他人挑戰自己的看法、批評自己的作為。他們看重多元性，視其為組織的核心優勢，尤其在危機時期，多元性讓他們能受益於各種不同的觀點與體驗。經由努力擁有這些特質的人，具備了我所謂的英雄領導力。在這篇報導裡，英雄說不定就是你。

邁向更光明的新時代

因此牢記塞爾福里奇的話，這取決於我們。我們大可揮霍新冠疫情催生的機會，裹足不前，死守現狀，顯然許多公司已決定這麼做了。我們也能選擇勇於擁抱百年一遇的機會，趁這機會反躬自問、改變想法、脫胎換骨，協助我們的事業、社區、產業重生——並非單純地回到舊有模式，而是打造全新面貌。疫情後不是回歸「正常」，而是邁向更好、更光明之路。

我相信，隨著時間推移，回過頭來大家會發現，新冠疫情催生了一批創意十足的優異零售商，這些零售商不論在線上或線下的舞台，都充滿了明確的使命感，信守對消費者的價值。

這些原型（各有精彩的故事可呈現）將為零售業的未來鋪路。高明厲害的零售商生存之道靠的是創造文化、舉辦娛樂活動、提供專業知識、設計了不起的產品，以及建立以顧客為中心的生態系統，系統裡不論是數位還是實體內容，都非常豐富出色，才能推動上述做法與主張。

昨日的購物中心將成為明日的社區中心，打造道地在地感的美麗空間，讓購物中心融入城市與郊區的生活圈。購物中心充滿四射的能量和活力，是值得你花時間與金錢消磨之處。

新冠疫情這把失控的野火把全球零售業這座森林捲入火海，被火噬的枯木已成灰燼，但是從這些灰燼中，更好、更健康、更繁榮的零售業將浮現。那些有遠見、有勇氣、有實力的業者，不僅看到也擁抱隨疫情而來的機會，他們將成為新時代零售業的領頭羊。

註釋

序論　握手與擁抱

1.　C. Todd Lopez, "Corps of Engineers Converts NYC's Javits Center into Hospital," U.S. Department of Defense, April 1, 2020, https://www.defense.gov/Explore/News/Article/Article/2133514/corps-of-engineers-converts-nycs-javits-center-into-hospital/.

2.　C. Todd Lopez, "Corps of Engineers Converts NYC's Javits Center into Hospital," U.S. Department of Defense, April 1, 2020, https://www.defense.gov/Explore/News/Article/Article/2133514/corps-of-engineers-converts-nycs-javits-center-into-hospital/.

3.　Janet Freund, "Credit Suisse Warns That U.S. Store Closings May Worsen in 2020," *Bloomberg*, October 14, 2019, https://www.bloomberg.com/news/articles/2019-10-14/store-closures-may-be-even-worse-next-year-credit-suisse-says?sref=5zifHLEP.

4.　Patricia Cohen, "We All Have a Stake in the Stock Market, Right? Guess Again," *The New York Times*, February 8, 2018, https://www.nytimes.com/2018/02/08/business/economy/stocks-economy.html#:~:text=A%20whopping%2084%20percent%20of,savings%20programs%20like%20529%20plans.

5.　Josephine Ma, "Coronavirus: China's First Confirmed Covid-19 Case Traced Back to November 17," *South China Morning Post*, March 13, 2020, https://www.scmp.com/news/china/society/article/3074991/coronavirus-chinas-first-confirmed.

6.　"Record Fall in G20 GDP in First Quarter of 2020," OECD, June 11, 2020, https://www.oecd.org/sdd/na/g20-gdp-growth-Q1-2020.pdf.

7.　Noah Smith, "Why Coronavirus Is Punishing the Economy More Than Spanish Flu," *Bloomberg*, May 6, 2020, https://www.bloomberg.com/opinion/articles/2020-05-06/why-coronavirus-is-punishing-the-economy-more-than-spanish-flu?sref=5zifHLEP.

8. Drew Desilver, "10 facts about American workers," Pew Research Center, August 29, 2019, https://www.pewresearch.org/fact-tank/2019/08/29/facts-about-american-workers/.

9. Holly Briedis et al., "Adapting to the Next Normal in Retail: The Customer Experience Imperative," McKinsey & Company, March 14, 2020, https://www.mckinsey.com/industries/retail/our-insights/adapting-to-the-next-normal-in-retail-the-customer-experience-imperative#.

10. Rob Walker, "Why Most Post-Pandemic Predictions Will Be Totally Wrong," Marker, April 20, 2020, https://marker.medium.com/why-most-post-pandemic-predictions-will-be-totally-wrong-4e1bc1c71614.

11. Mary Mazzoni, "A Longstanding Pandemic Response Team Helped Intel Act Swiftly in the Wake of COVID-19," Triple Pundit, May 8, 2020, https://www.triplepundit.com/story/2020/intel-pandemic-response-team-covid-19/88991.

第1章 既有的狀況

1. Rachel Siegel, "Hard-Hit Retailers Projected to Shutter As Many As 25,000 Stores This Year, Mostly in Malls," *The Washington Post*, June 9, 2020, https://www.washingtonpost.com/business/2020/06/09/retail-store-closure-mall/.

2. Nathan Bomey and Kelly Tyko, "Can Shopping Malls Survive the Coronavirus Pandemic and a New Slate of Permanent Store Closings?" *USA Today*, July 4, 2020, https://www.usatoday.com/story/money/2020/07/14/coronavirus-closings-retail-mall-closures-shopping-changes/5400200002/.

3. "Who's Gone Bust in Retail?" Center for Retail Research, 2020, https://www.retailresearch.org/whos-gone-bust-retail.html.

4. Chantel Fernandez, "The Contemporary Market Needs a Rebrand," *The Business of Fashion*, August 3, 2020, https://www.businessoffashion.com/articles/professional/contemporary-market-designers-department-stores-wholesale-retail.

5. Jeannine Usalcas, "Labour Market Review 2009," Statistics Canada, April 2010, https://www150.statcan.gc.ca/n1/pub/75-001-x/2010104/article/11148-eng.htm.

6. "Hard Times Forecast for Global Job Recovery in 2020, Warns UN Labour Agency Chief," UN News, June 30, 2020, https://news.un.org/en/story/2020/06/1067432.

7. Janet Adamy and Paul Overberg, "'Playing Catch-Up in the Game of Life.' Millennials Approach Middle Age in Crisis," *The Wall Street Journal*, May 19, 2019, https://www.wsj.com/articles/playing-catch-up-in-the-game-of-life-millennials-approach-middle-age-in-crisis-11558290908.

8. Janet Adamy, "Millennials Slammed by Second Financial Crisis Fall Even Further Behind," *The Wall Street Journal*, August 9, 2020, https://www.wsj.com/articles/millennials-covid-financial-crisis-fall-behind-jobless-11596811470.

9. Charlotte Swasey, Ethan Winter, and Ilya Sheyman, "The Staggering Economic Impact of the Coronavirus Pandemic," Data for Progress, April 9, 2020, https://filesforprogress.org/memos/the-staggering-economic-impact-coronavirus.pdf.

10. Ben Staverman, "Half of Older Americans Have Nothing in Retirement Savings," *Bloomberg*, March 26, 2019, https://www.bloomberg.com/news/articles/2019-03-26/almost-half-of-older-americans-have-zero-in-retirement-savings?sref=5zifHLEP.

11. Doug Stephens and BoF Studio, "Retail Reborn Episode 1: How Trauma Transforms the Consumer Psyche: Interview with Sheldon Solomon," *The Business of Fashion*, September 15, 2020, https://www.businessoffashion.com/articles/podcasts/retail-reborn-podcast-doug-stephens-consumer-psyche?source=bibblio.

12. Doug Stephens and BoF Studio, "Retail Reborn Episode 1: How Trauma Transforms the Consumer Psyche: Interview with Sheldon Solomon," *The Business of Fashion*, September 15, 2020, https://www.businessoffashion.com/articles/podcasts/retail-reborn-podcast-doug-stephens-consumer-psyche?source=bibblio.

13. Doug Stephens and BoF Studio, "Retail Reborn Episode 1: How Trauma Transforms the Consumer Psyche: Interview with Sheldon Solomon," *The Business of Fashion*, September 15, 2020, https://www.businessoffashion.com/articles/podcasts/retail-reborn-podcast-doug-stephens-consumer-psyche?source=bibblio.

14. Nidhi Arora et al., "Customer Sentiment and Behavior Continue to Reflect the Uncertainty of the COVID-19 Crisis," McKinsey & Company, July 8, 2020, https://www.mckinsey.com/business-functions/marketing-and-sales/our-insights/a-global-view-of-how-consumer-behavior-is-changing-amid-covid-19.

15. Cory Stieg, "Sports Fans Have Higher Self-Esteem and Are More Satisfied with Their Lives (Whether Their Teams Win or Lose)," CNBC Make It, July 23, 2020, https://www.cnbc.com/2020/07/23/why-being-a-sports-fan-and-rooting-for-a-team-is-good-for-you.html.

16. Utpal Dholakia, "How Terrorist Attacks Influence Customer Behaviors," *Psychology Today*, December 1, 2015, https://www.psychologytoday.com/us/blog/the-science-behind-behavior/201512/how-terrorist-attacks-influence-consumer-behaviors.

17. Quoted in Anand Damani, "Does It Really Take 21 Days to Form Habits?," Behavioural Design, June 28, 2016, http://www.behaviouraldesign.com/author/ananddamani/page/8/#sthash.x6IH9ST3.dpbs.

18. Benjamin Gardner, Phillippa Lally, and Jane Wardle, "Making Health Habitual: The Psychology of 'Habit-Formation' and General Practice," *British Journal of General Practice*, vol. 62, issue 605, December 2012, pp. 664–66.

第2章　蟲洞

1. "The Rise of the City," Lumen, no date, https://courses.lumenlearning.com/boundless-ushistory/chapter/the-rise-of-the-city/.

2. CitiesX, "The Rise of Suburbs: Edward L. Glaeser in Conversation with Lizabeth Cohen," YouTube, January 29, 2018, https://www.youtube.com/watch?v=WpO3qRYn52A.

3. Steven Pinker, *The Better Angels of Our Nature: Why Violence Has Declined* (New York: Penguin Books, 2012).

4. Parag Khanna, "How Much Economic Growth Comes from Our Cities?" World Economic Forum, April 13, 2016, https://www.weforum.org/agenda/2016/04/how-much-economic-growth-comes-from-our-cities/.

5. Robert D. Atkinson, Mark Muro, and Jacob Whiten, "The Case for Growth

Centers: How to Spread Tech Innovation Across America," Brookings ITIF, December 2019, https://www.brookings.edu/wp-content/uploads/2019/12/Full-Report-Growth-Centers_PDF_BrookingsMetro-BassCenter-ITIF.pdf.

6. Saša Petricic, "Japan's Traditional Work Culture Takes Precedence over Physical Distancing in Tokyo," CBC, May 3, 2020, https://www.cbc.ca/news/world/japan-covid-19-coronavirus-1.5549504.

7. Casey Newton, "Facebook Says It Will Permanently Shift Tens of Thousands of Jobs to Remote Work," The Verge, May 21, 2020, https://www.theverge.com/facebook/2020/5/21/21265699/facebook-remote-work-shift-workforce-permanent-covid-19-mark-zuckerberg-interview.

8. Candy Cheng, "Shopify Is Joining Twitter in Permanent Work-from-Home Shift," *Bloomberg*, May 21, 2020, https://www.bloomberg.com/news/articles/2020-05-21/shopify-is-joining-twitter-in-permanent-work-from-home-shift?sref=5zifHLEP.

9. Rob Copeland and Peter Grant, "Google to Keep Employees Home until Summer 2021 amid Coronavirus Pandemic," *The Wall Street Journal*, July 27, 2020, https://www.wsj.com/articles/google-to-keep-employees-home-until-summer-2021-amid-coronavirus-pandemic-11595854201?mod=e2tw.

10. Lawrence White, "Barclays CEO Says 'Putting 7,000 People in a Building May Be Thing of the Past,'" Reuters, April 29, 2020, https://uk.reuters.com/article/uk-barclays-results-offices-idUKKCN22B101.

11. Nicholas A. Bloom et al., "Does Working from Home Work? Evidence from a Chinese Experiment," *The Quarterly Journal of Economics*, vol. 130, issue 1, February 2015, pp. 165–218.

12. "The Benefits of Working from Home," Airtasker, March 31, 2020, https://www.airtasker.com/blog/the-benefits-of-working-from-home/.

13. Nicola Jones, "How Coronavirus Lockdowns Stopped Flu in its Tracks," *Nature,* May 21, 2020, https://www.nature.com/articles/d41586-020-01538-8.

14. Matt Clancy, "Remote Work Is Here to Stay," *The Economist*, May 27, 2020, https://eiuperspectives.economist.com/technology-innovation/remote-work-here-stay.

15. Matthew Haag, "Manhattan Faces a Reckoning if Working from Home Becomes the Norm," *The New York Times*, May 12, 2020, https://www.

nytimes.com/2020/05/12/nyregion/coronavirus-work-from-home.html.

16. Clara Hendrickson, Mark Muro, and William A. Galston, "Countering the Geography of Discontent: Strategies for Left-Behind Places," Brookings Institute, November 2018, https://www.brookings.edu/research/countering-the-geography-of-discontent-strategies-for-left-behind-places/.

17. George Avalos, "Tech Employment in Bay Area Reaches Record Highs," *The Mercury News*, July 3, 2019, https://www.mercurynews.com/2019/06/14/tech-employment-bay-area-reaches-record-highs-google-apple-facebook-adobe/.

18. Andrew Chamings, "2 out of 3 Tech Workers Would Leave SF Permanently If They Could Work Remotely," *San Francisco Gate*, May 22, 2020, https://www.sfgate.com/living-in-sf/article/2-out-of-3-tech-workers-would-leave-SF-15289316.php.

19. Enrico Moretti, "Local Multipliers," *American Economic Review: Papers & Proceedings*, vol. 100, May 2010, http://click.nl.npr.org/?qs=02337b1a8055 97a01558212eb5e89755c4f6497f8c30f2eb6418641de8767ea65289307f9470 c4f097646725a7df5d4f1e6edd9b28950abd.

20. "Activities US Adults Are Likely to Do Once the Coronavirus Pandemic Ends," eMarketer, April 2020, https://www.emarketer.com/chart/236000/activities-us-adults-likely-do-once-coronavirus-pandemic-ends-april-2020-of-respondents.

21. Simon Kuper, "How Coronavirus Will Change Paris Forever," *Financial Times*, May 7, 2020, https://www.ft.com/content/52ae6c52-8e75-11ea-a8ec-961a33ba80aa.

22. Derek Thompson, "The Pandemic Will Change American Retail Forever," *The Atlantic*, April 27, 2020, https://www.theatlantic.com/ideas/archive/2020/04/how-pandemic-will-change-face-retail/610738/.

23. Sarah Paynter, "There's a Record Number of Vacant Rental Apartments in Manhattan," Yahoo Finance, August 14, 2020, https://finance.yahoo.com/news/manhattan-rent-down-vacancy-up-193314128.html.

24. Matthew Haag, "Manhattan Vacancy Rate Climbs, and Rents Drop 10%," *The New York Times*, August 18, 2020, https://www.nytimes.com/2020/08/18/nyregion/nyc-vacant-apartments.html?smtyp=cur&smid=tw-nytimes.

25. Prashant Gopal and John Gittelsohn, "Urban Exiles Are Fueling a Suburban

Housing Boom across the U.S.," *Bloomberg Businessweek*, August 20, 2020, https://www.bloomberg.com/news/articles/2020-08-20/covid-pandemic-fuels-u-s-housing-boom-as-urbanites-swarm-suburbs.

26. Sarah Butrymowicz, The Hechinger Report, and Pete D'Amato, The Hechinger Report, "A Crisis Is Looming for U.S. Colleges — And Not Just Because of the Pandemic," NBC News, August 4, 2020, https://www.nbcnews.com/news/education/crisis-looming-u-s-colleges-not-just-because-pandemic-n1235338.

27. Alexandra Witze, "Universities Will Never Be the Same after the Coronavirus Crisis," *Nature,* June 1, 2020, https://www.nature.com/articles/d41586-020-01518-y.

28. Lara Takenaga, "4 Years of College, $0 in Debt: How Some Countries Make Higher Education Affordable," *The New York Times*, May 28, 2019, https://www.nytimes.com/2019/05/28/reader-center/international-college-costs-financing.html.

29. James D. Walsh, "The Coming Disruption: Scott Galloway Predicts a Handful of Elite Cyborg Universities Will Soon Monopolize Higher Education," *New York Magazine*, May 11, 2020, https://nymag.com/intelligencer/2020/05/scott-galloway-future-of-college.html.

30. Doug Lederman, "Online Education Ascends," Inside Higher Ed, November 7, 2018, https://www.insidehighered.com/digital-learning/article/2018/11/07/new-data-online-enrollments-grow-and-share-overall-enrollment.

31. "Canadian Kids Bored and Missing Friends in Isolation, New Poll Suggests," CBC, May 11, 2020, https://www.cbc.ca/news/canada/toronto/canada-covid-children-poll-1.5564425.

32. Robert Puentes, "COVID's Differing Impact on Transit Ridership," ENO Center for Transportation, April 24, 2020, https://www.enotrans.org/article/covids-differing-impact-on-transit-ridership/.

33. Richard Florida et al., "How Life in Our Cities Will Look after the Coronavirus Pandemic," *Foreign Policy*, May 1, 2020, https://foreignpolicy.com/2020/05/01/future-of-cities-urban-life-after-coronavirus-pandemic/.

34. Laura Laker, "Milan Announces Ambitious Scheme to Reduce Car Use after Lockdown," *The Guardian*, April 21, 2020, https://www.theguardian.

com/world/2020/apr/21/milan-seeks-to-prevent-post-crisis-return-of-traffic-pollution.

35. David Folkenflik, "NPR Radio Ratings Collapse as Pandemic Ends Listeners' Commutes," NPR, July 15, 2020, https://www.npr.org/sections/coronavirus-live-updates/2020/07/15/891404076/npr-radio-ratings-collapse-as-pandemic-kills-listeners-commutes.

36. Randal O'Toole, "The Future of Driving," New Geography, August 10, 2020, https://www.newgeography.com/content/006738-the-future-driving.

37. Liam Lahey, "Survey: 28% of Canadians Will Work from Home after COVID-19 Lockdown Lifts," RATESDOTCA, June 22, 2020, https://rates.ca/resources/survey-28-canadians-will-work-home-after-covid-19-lockdown-lifts.

38. Cathy Buyck, "Novel Coronavirus Shakes Up Global Airline Industry," AIN Online, July 20, 2020, https://www.ainonline.com/aviation-news/air-transport/2020-07-20/novel-coronavirus-shakes-global-airline-industry.

39. Eric Rosen, "How COVID-19 Will Change Business Travel," *Conde Nast Traveler*, May 28, 2020, https://www.cntraveler.com/story/how-covid-19-will-change-business-travel.

40. Eric Rosen, "How COVID-19 Will Change Business Travel," *Conde Nast Traveler*, May 28, 2020, https://www.cntraveler.com/story/how-covid-19-will-change-business-travel.

41. Hayley Skirka, "Are Flight Prices Set to Rise after the Pandemic?," The National News, May 18, 2020, https://www.thenationalnews.com/lifestyle/travel/are-flight-prices-set-to-rise-after-the-pandemic-1.1020897.

42. Chip Cutter, "Business Travel Won't Be Taking Off Soon amid Coronavirus," *The Wall Street Journal*, June 15, 2020, https://www.wsj.com/articles/business-travel-wont-be-taking-off-soon-amid-coronavirus-11592220844?mod=e2tw.

43. "Travel Retail Market by Product and Channel: Global Opportunity Analysis and Industry Forecast, 2018–2025," ReportLinker, October 2018, https://www.reportlinker.com/p05663919/Travel-Retail-Market-by-Product-and-Channel-Global-Opportunity-Analysis-and-Industry-Forecast.html?utm_source=GNW.

44. Jaewon Kang and Sharon Terlep, "Forget the Mall, Shoppers Are Buying

Gucci at Airports," *The Wall Street Journal*, June 17, 2019, https://www.wsj.com/articles/forget-the-mall-shoppers-are-buying-gucci-at-airports-11560772801.

45. Dave Grohl, "The Day the Live Concert Returns," *The Atlantic*, May 11, 2020, https://www.theatlantic.com/culture/archive/2020/05/dave-grohl-irreplaceable-thrill-rock-show/611113/?utm_campaign=the-atlantic&utm_source=twitter&utm_medium=social&utm_term=2020-05-11T12%2525253A30%2525253A06&utm_content=edit-promo.

46. Taylor Mims, "Livestreams Are Moving to Hard Tickets to Replace Lost Touring Revenue," *Billboard*, April 2, 2020, https://www.billboard.com/articles/business/touring/9349897/livestreams-tickets-replace-lost-touring-revenue.

47. Taylor Mims, "Livestreams Are Moving to Hard Tickets to Replace Lost Touring Revenue," *Billboard*, April 2, 2020, https://www.billboard.com/articles/business/touring/9349897/livestreams-tickets-replace-lost-touring-revenue.

48. *Bloomberg* and Michelle Lhooq, "People Are Paying Real Money to Get into Virtual Zoom Nightclubs," *Fortune*, August 14, 2020, https://fortune.com/2020/04/14/zoom-nightclubs-virtual-bars-video-calls-coronavirus/.

49. Josh Ye, "Razer CEO Says Pandemic Will Change Sports and Entertainment Forever as Live-Streaming Comes to the Fore," *South China Morning Post*, March 27, 2020, https://www.scmp.com/tech/tech-leaders-and-founders/article/3077135/razer-ceo-says-pandemic-will-change-sports-and.

50. Josh Ye, "Razer CEO Says Pandemic Will Change Sports and Entertainment Forever as Live-Streaming Comes to the Fore," *South China Morning Post*, March 27, 2020, https://www.scmp.com/tech/tech-leaders-and-founders/article/3077135/razer-ceo-says-pandemic-will-change-sports-and.

第3章　零售業頂級掠食者的崛起

1. Jon Swartz, "Amazon Is Officially Worth $1 Trillion, Joining Other Tech Titans," MarketWatch, February 4, 2020, https://www.marketwatch.com/story/amazon-is-officially-worth-1-trillion-joining-other-tech-titans-2020-02-04#:~:text=Shares%20of%20Amazon%20increased%202.3,last%20

July%20and%20on%20Sept.

2. Wendy Liu, "Coronavirus Has Made Amazon a Public Utility — So We Should Treat It Like One," *The Guardian*, April 17, 2020, https://www.theguardian.com/commentisfree/2020/apr/17/amazon-coronavirus-public-utility-workers.

3. Zoe Suen, "Amazon vs Alibaba: Which E-Commerce Giant Is Winning the Covid-19 Era?" *The Business of Fashion*, May 28, 2020, https://www.businessoffashion.com/articles/professional/amazon-vs-alibaba-in-the-covid-19-era.

4. "Target Corporation Annual Report 2019," Target Corporation, no date, https://corporate.target.com/annual-reports/2019.

5. "Can Amazon Keep Growing Like a Youthful Startup?" *The Economist*, June 18, 2020, https://www.economist.com/briefing/2020/06/18/can-amazon-keep-growing-like-a-youthful-startup.

6. Ingrid London, "Amazon's Share of the US E-Commerce Market Is Now 49%, or 5 Percent of All Retail Spend," Tech Crunch, July 13, 2018, https://techcrunch.com/2018/07/13/amazons-share-of-the-us-e-commerce-market-is-now-49-or-5-of-all-retail-spend/.

7. Todd Spangler, "Amazon Prime Tops 150 Million Members," *Variety*, January 30, 2020, https://variety.com/2020/digital/news/amazon-150-million-prime-members-1203487355/.

8. Jay Greene, "10 Years Later, Amazon Celebrates Prime's Triumph," *The Seattle Times*, February 2, 2015, https://www.seattletimes.com/business/amazon/10-years-later-amazon-celebrates-primes-triumph/.

9. Kana Inagaki, "Amazon's Scale in Japan Challenges Rivals and Regulators," *Financial Times*, June 24, 2018, https://www.ft.com/content/f50c5f24-752f-11e8-aa31-31da4279a601.

10. Tiffany C. Wright, "What Is the Profit Margin for a Supermarket?" *azcentral*, 2013, https://yourbusiness.*azcentral*.com/profit-margin-supermarket-17711.html.

11. "Amazon's $4 Billion Coronavirus Investment Will Shred Its Competitors," *New York Magazine*, May 5, 2020, https://nymag.com/intelligencer/2020/05/amazons-coronavirus-investments-will-shred-its-competitors.html.

12. Kiri Masters, "89 Percent of Customers Are More Likely to Buy Products

from Amazon Than Other E-Commerce Sites: Study," *Forbes*, March 20, 2019, https://www.forbes.com/sites/kirimasters/2019/03/20/study-89-of-customers-are-more-likely-to-buy-products-from-amazon-than-other-e-commerce-sites/#6ea572c84af1.

13. Zoe Suen, "Amazon vs Alibaba: Which E-Commerce Giant Is Winning the Covid-19 Era?" *The Business of Fashion*, May 28, 2020, https://www.businessoffashion.com/articles/professional/amazon-vs-alibaba-in-the-covid-19-era.

14. Caleb Silver, "The Top 20 Economies in the World," Investopedia, March 18, 2020, https://www.investopedia.com/insights/worlds-top-economies/.

15. "Alibaba Group Announces September Quarter 2019 Results," Business Wire, November 1, 2019, https://www.businesswire.com/news/home/20191101005278/en/Alibaba-Group-Announces-September-Quarter-2019-Results.

16. Matthieu Guinebault, "Tmall's Luxury Pavilion Reports $159,000 Average Spend per Customer since Site Launch," Fashion Network, April 17, 2018, https://www.fashionnetwork.com/news/tmall-s-luxury-pavilion-reports-159-000-average-spend-per-consumer-since-site-launch,968914.html.

17. Thomas Graziani, "How Alibaba Is Shaping the Chinese Entertainment Industry," Tech in Asia, July 30, 2018, https://www.techinasia.com/talk/alibaba-shaping-chinese-entertainment.

18. Adam Rogers, "A Look at JD.com's Revenue and Earnings Growth," Market Realist, June 21, 2019, https://marketrealist.com/2019/06/a-look-at-jd-coms-revenue-and-earnings-growth/#:~:text=JD.com%20has%20managed%20to,%2C%20and%2027.5%25%20in%202018.&text=Though%20decelerating%2C%20revenue%20growth%20remains%20impressive%20for%20JD.com.

19. "JD.com Statistics," Marketplace Pulse, 2019, https://www.marketplacepulse.com/stats/jd.

20. Jeremy Bowman, "Wal-Mart Shows It's Executing Its Turnaround Strategy Perfectly," The Motley Fool, October 14, 2017, https://www.fool.com/investing/2017/10/14/wal-mart-shows-its-executing-its-turnaround-strate.aspx.

21. Jason Del Rey, "Inside the Conflict at Walmart That's Threatening Its

High-Stakes Race with Amazon," *Vox*, July 3, 2019, https://www.vox.com/recode/2019/7/3/18716431/walmart-jet-marc-lore-modcloth-amazon-ecommerce-losses-online-sales.

22. Jason Del Rey, "Inside the Conflict at Walmart That's Threatening Its High-Stakes Race with Amazon," *Vox*, July 3, 2019, https://www.vox.com/recode/2019/7/3/18716431/walmart-jet-marc-lore-modcloth-amazon-ecommerce-losses-online-sales.

23. Phil Wahba, "Walmart's Online Sales Surge during the Pandemic, Bolstering Its Place as a Strong No. 2 to Amazon," *Fortune*, March 19, 2020, https://fortune.com/2020/05/19/walmart-online-sales-amazon-ecommerce/.

24. Cindy Liu, "Walmart Is an Ecommerce Winner during Pandemic," eMarketer, May 25, 2020, https://www.emarketer.com/content/walmart-is-an-ecommerce-winner-during-pandemic.

第4章 更大的獵物

1. Harry de Quetteville, "Amazon's $4bn Push to Vaccinate Its Supply Chain," *The Telegraph*, May 16, 2020, https://www.telegraph.co.uk/technology/2020/05/16/amazons-4bn-push-vaccinate-supply-chain/.

2. Doug Stephens, "On the Frontlines of Retail There Are No Heroes, Only Victims," *The Business of Fashion*, April 21, 2020, https://www.businessoffashion.com/articles/opinion/on-the-frontlines-of-retail-there-are-no-heroes-only-victims.

3. Verne Kopytoff, "How Amazon Crushed the Union Movement," *Time,* July 16, 2014, https://time.com/956/how-amazon-crushed-the-union-movement/.

4. Adele Peters, "Why This Clothing Company Is Making Its Factory Wages Public," *Fast Company*, August 8, 2018, https://www.fastcompany.com/90213069/why-this-clothing-company-is-making-its-factory-wages-public.

5. Jaewon Kang and Sharon Terlep, "Retailers Phase Out Coronavirus Hazard Pay for Essential Workers," *The Wall Street Journal*, May 19, 2020, https://www.wsj.com/livecoverage/coronavirus-2020-05-19/card/ioEmzIleJ8LFWee2cpPU.

6. Alyssa Meyers, "For Consumers, Brands' Care for Staff amid Pandemic

as Important as Stocked Items," Morning Consult, April 15, 2020, https://morningconsult.com/2020/04/15/consumer-crisis-brand-communications-report/.

7.　Aaron Smith and Monica Anderson, "2. Americans' Attitudes toward a Future in Which Robots and Computers Can Do Many Human Jobs," Pew Research, October 4, 2017, https://www.pewresearch.org/internet/2017/10/04/americans-attitudes-toward-a-future-in-which-robots-and-computers-can-do-many-human-jobs/.

8.　Olivier de Panafieu et al., "Robots in Retail: What Does the Future Hold for People and Robots in the Stores of Tomorrow?" Roland Berger, 2016, https://www.rolandberger.com/publications/publication_pdf/roland_berger_tab_robots_retail_en_12.10.2016.pdf.

9.　Drew Harwell, "As Walmart Turns to Robots, It's the Human Workers Who Feel Like Machines," *The Washington Post*, June 6, 2019, https://www.washingtonpost.com/technology/2019/06/06/walmart-turns-robots-its-human-workers-who-feel-like-machines/.

10.　Sarah Nassuaer, "Welcome to Walmart. The Robot Will Grab Your Groceries," *The Wall Street Journal*, January 8, 2020, https://www.wsj.com/articles/welcome-to-walmart-the-robot-will-grab-your-groceries-11578499200.

11.　Drew Harwell, "As Walmart Turns to Robots, It's the Human Workers Who Feel Like Machines," *The Washington Post*, June 6, 2019, https://www.washingtonpost.com/technology/2019/06/06/walmart-turns-robots-its-human-workers-who-feel-like-machines/.

12.　Brian Dumaine, "How Amazon's Bet on Autonomous Vehicles Can Help Protect Us from Viruses," *Newsweek,* May 18, 2020, https://www.newsweek.com/how-amazons-bet-autonomous-vehicles-can-help-protect-us-viruses-1504169.

13.　Brian Dumaine, "How Amazon's Bet on Autonomous Vehicles Can Help Protect Us from Viruses," *Newsweek,* May 18, 2020, https://www.newsweek.com/how-amazons-bet-autonomous-vehicles-can-help-protect-us-viruses-1504169.

14.　Reuters, "Amazon Sweetens $1.3 Billion Zoox Acquisition with $100 Million in Stock to Keep Workers," VentureBeat, July 9, 2020, https://

venturebeat.com/2020/07/09/amazon-sweetens-1-3-billion-zoox-acquisition-with-100-million-in-stock-to-keep-workers/.

15. Prophecy Marketing Insights, "Global Autonomous Delivery Vehicle Market Is Estimated to Be US$ 196.2 Billion by 2029 with a CAGR of 11.2% during the Forecast Period — PMI," GlobeNewswire, June 12, 2020, https://www.globenewswire.com/news-release/2020/06/12/2047504/0/en/Global-Autonomous-Delivery-Vehicle-Market-is-estimated-to-be-US-196-2-Billion-by-2029-with-a-CAGR-of-11-2-during-the-Forecast-Period-PMI.html.

16. Lauren Thomas, "Most Shoppers Are Still Leery of Buying Their Groceries Online. But Delivery in the US Is Set to 'Explode'," CNBC, February 5, 2019, https://www.cnbc.com/2019/02/04/grocery-delivery-in-the-us-is-expected-to-explode.html.

17. Melissa Repko, "As Coronavirus Pandemic Pushes More Grocery Shoppers Online, Stores Struggle to Keep Up with Demand," CNBC, May 1, 2020, https://www.cnbc.com/2020/05/01/as-coronavirus-pushes-more-grocery-shoppers-online-stores-struggle-with-demand.html.

18. Jim Armitage, "Ocado Revenues Surge 27 Percent as Locked Down Shoppers Buy Food Online," *Evening Standard*, July 14, 2020, https://www.standard.co.uk/business/business-news/ocado-shopping-food-supermarkets-rose-a4497371.html.

19. Bernd Heid et al., "Technology Delivered: Implications for Cost, Customers, and Competition in the Last-Mile Ecosystem," McKinsey & Company, August 27, 2018, https://www.mckinsey.com/industries/travel-logistics-and-transport-infrastructure/our-insights/technology-delivered-implications-for-cost-customers-and-competition-in-the-last-mile-ecosystem#.

20. Doug Stephens and BoF, "Retail Reborn Podcast Episode 3," *The Business of Fashion*, September 29, 2020, https://www.businessoffashion.com/articles/podcasts/retail-reborn-podcast-doug-stephens-ecommerce-online.

21. Doug Stephens and BoF, "Retail Reborn Podcast Episode 3," *The Business of Fashion*, September 29, 2020, https://www.businessoffashion.com/articles/podcasts/retail-reborn-podcast-doug-stephens-ecommerce-online.

22. Liz Flora, "Brands Look to VR E-Commerce to Replace the In-Store Experience," Glossy, April 21, 2020, https://www.glossy.co/beauty/brands-

look-to-vr-e-commerce-to-replace-the-in-store-experience.

23. Cecilia Li, "Alibaba Pictures Helps Drive China's Billion-Dollar Box Office in 2019," Alizila, December 20, 2019, https://www.alizila.com/Alibaba-pictures-helps-drive-chinas-billion-dollar-box-office-in-2019/.

24. Todd Spangler, "Amazon's Prime Video Channels Biz to Generate $1.7 Billion in 2018 (Analysts)," *Variety*, December 7, 2018, https://variety.com/2018/digital/news/amazon-prime-video-channels-tv-revenue-estimates-1203083998/.

25. Sarah Perez, "Twitch Continues to Dominate Live Streaming with Its Second-Biggest Quarter to Date," TechCrunch, July 12, 2019, https://techcrunch.com/2019/07/12/twitch-continues-to-dominate-live-streaming-with-its-second-biggest-quarter-to-date/.

26. Dieter Bohn, "Amazon Says 100 Million Alexa Devices Have Been Sold — What's Next?" The Verge, January 4, 2019, https://www.theverge.com/2019/1/4/18168565/amazon-alexa-devices-how-many-sold-number-100-million-dave-limp.

27. Dieter Bohn, "Amazon Says 100 Million Alexa Devices Have Been Sold — What's Next?" The Verge, January 4, 2019, https://www.theverge.com/2019/1/4/18168565/amazon-alexa-devices-how-many-sold-number-100-million-dave-limp.

28. Steve Cocheo, "Amazon Forges Financial Alliances as Bank Execs Brace for Full Invasion," *The Financial Brand*, June 24, 2019, https://thefinancialbrand.com/84807/amazon-banking-checking-payments-small-business-lending-prime/.

29. Steve Cocheo, "Amazon Forges Financial Alliances as Bank Execs Brace for Full Invasion," *The Financial Brand*, June 24, 2019, https://thefinancialbrand.com/84807/amazon-banking-checking-payments-small-business-lending-prime/.

30. Jacqueline Laurean Yates, "Century 21 Is Closing Its Doors after 60 Years," ABC News, September 11, 2020, https://abc13.com/century-21-is-closing-its-doors-after-60-years/6418840/#:~:text=%22While%20insurance%20money%20helped%20us,unforeseen%20circumstances%20like%20we%20are.

31. Alicia Adamczyk, "Health Insurance Premiums Increased More Than

Wages This Year," CNBC, September 26, 2019, https://www.cnbc. com/2019/09/26/health-insurance-premiums-increased-more-than-wages-this-year.html#:~:text=Premium%20increases%20have%20outpaced%20 wage,%25%20and%20inflation%20by%202%25.

32. "Everything You Need to Know about What Amazon Is Doing in Financial Services," CB Insights, 2019, https://www.cbinsights.com/research/report/ amazon-across-financial-services-fintech/.

33. Bethan Moorcraft, "Amazon and Google 'the Next Generation' of Insurance Competition in Canada," *Insurance Business Canada*, November 3, 2018, https://www.insurancebusinessmag.com/ca/news/healthcare/amazon-and-google-the-next-generation-of-insurance-competition-in-canada-117644. aspx.

34. *Fortune* Magazine, "FedEx CEO Says Amazon Is Not a Problem," YouTube, April 19, 2017, https://www.youtube.com/watch?v=ODS1qlcZUqY.

35. "Amazon's Challenges in Delivery," Investopedia, April 13, 2020, https://www.investopedia.com/articles/investing/020515/why-amazon-needs-dump-ups-and-fedex-amzn-fdx-ups.asp#:~:text=Key%20 Takeaways,FedEx%2C%20UPS%2C%20and%20USPS.

36. Marianne Wilson, "Amazon to Open 1,000 Neighborhood Delivery Hubs, Reports *Bloomberg*," Chain Store Age, September 16, 2020, https:// chainstoreage.com/amazon-open-1000-neighborhood-delivery-hubs-reports-Bloomberg.

37. Benjamin Mueller, "Telemedicine Arrives in the U.K.: '10 Years of Change in One Week,'" *The New York Times*, April 4, 2020, https://www.nytimes. com/2020/04/04/world/europe/telemedicine-uk-coronavirus.html.

38. "The $11.9 Trillion Global Healthcare Market: Key Opportunities & Strategies (2014–2022)—ResearchAndMarkets.com," Business Wire, June 25, 2019, https://www.businesswire.com/news/home/20190625005862/en/ The-11.9-Trillion-Global-Healthcare-Market-Key-Opportunities-Strategies-2014-2022---ResearchAndMarkets.com.

39. John Tozzi, "U.S. Health Care Puts $4 Trillion in All the Wrong Places," *Bloomberg Businessweek*, June 11, 2020, https://www.bloomberg.com/news/ articles/2020-06-11/u-s-health-care-system-was-totally-overwhelmed-by-coronavirus.

40. John Tozzi, "U.S. Health Care Puts \$4 Trillion in All the Wrong Places," *Bloomberg Businessweek*, June 11, 2020, https://www.bloomberg.com/news/articles/2020-06-11/u-s-health-care-system-was-totally-overwhelmed-by-coronavirus.

41. "Amazon in Healthcare: The E-Commerce Giant's Strategy for a \$3 Trillion Market," CB Insights, no date, https://www.cbinsights.com/research/report/amazon-transforming-healthcare/.

42. "Amazon Pilots Opening Health Care Centers Near Its Fulfillment Centers," Day One, July 14, 2020, https://blog.aboutamazon.com/operations/amazon-pilots-opening-health-care-centers-near-its-fulfillment-centers?utm_source=social&&utm_medium=tw&&utmterm=amznnews&&utm_content=Amazon_CrossoverHealth&&linkId=93844131.

43. Madhurima Nandy, "Amazon India Launches Online Pharmacy Service," Live Mint, August 13, 2020, https://www.livemint.com/companies/news/amazon-india-launches-online-pharmacy-service-11597331465887.html.

44. "Alibaba Raises \$1.3B for Push into Online Pharmacy Business," PYMNTS.com, August 5, 2020, https://www.pymnts.com/healthcare/2020/alibaba-raises-1-3b-for-push-into-online-pharmacy-business/.

45. Christina Farr, "Walmart Buys Tech from Carezone to Help People Manage Their Prescriptions," CNBC, June 15, 2020, https://www.cnbc.com/2020/06/15/walmart-buys-tech-from-carezone-to-help-people-manage-prescriptions.html.

46. Bailey Lipschultz, "Walmart a 'Sleeping Giant' in Health Care, Morgan Stanley Warns," BNN Bloomberg, July 10, 2020, https://www.bnnbloomberg.ca/walmart-a-sleeping-giant-in-health-care-morgan-stanley-warns-1.1463512.

47. "Alibaba Launched the 'Help Help' App. Is It to Follow the Trend or Accelerate the Layout of the Online Education Field?" iiMedia, March 8, 2020, https://www.iimedia.cn/c460/69655.html.

48. "Smart Education," Tencent, no date, https://www.tencent.com/en-us/business/smart-education.html.

49. Aaron Holmes, "Allbirds Cofounder Calls Out Amazon for Its Knockoff Shoes That Cost Way Less, Calling Them 'Algorithmically Inspired,'" Business Insider, November 20, 2019, https://www.businessinsider.

com/allbirds-cofounder-criticizes-amazon-for-knockoff-shoes-that-cost-less-2019-11.

50. Dana Mattioli, "Amazon Continues to Probe Employee Use of Third-Party Vendor Data, Jeff Bezos Says," *The Wall Street Journal*, July 29, 2020, https://www.wsj.com/articles/amazon-continues-to-probe-employee-use-of-third-party-vendor-data-jeff-bezos-says-11596063680.

51. Katharine Gemmel, "Amazon Announces 1,000 Jobs in Ireland, New Dublin Campus," *Bloomberg*, July 27, 2020, https://www.bloomberg.com/news/articles/2020-07-27/amazon-announces-1-000-jobs-in-ireland-new-dublin-campus?cmpid=socialflow-twitter-business&utm_campaign=socialflow-organic&utm_medium=social&utm_source=twitter&utm_content=business&sref=5zifHLEP.

52. Colin Leggett, "Amazon Is Hiring for Over 5,000 Positions across Canada," Narcity, June 2020, https://www.narcity.com/money/ca/amazon-canada-is-hiring-over-5000-new-employees-across-the-country.

53. Simon Goodley and Jillian Ambrose, "The Companies Still Hiring in the UK during Coronavirus Crisis," *The Guardian*, July 31, 2020, https://www.theguardian.com/world/2020/jul/31/how-covid-19-has-reshaped-the-jobs-landscape-in-the-uk.

54. Joe Kaziukėnas, "Target Marketplace One Year Later," Marketplace Pulse, February 25, 2020, https://www.marketplacepulse.com/articles/target-marketplace-one-year-later.

55. James Knowles, "Analysis: Why 44% of Retailers Are Launching Marketplaces," *Retail Week*, April 17, 2018, https://www.retail-week.com/analysis/analysis-why-44-of-retailers-are-launching-marketplaces/7028844.article?authent=1.

56. Kiri Masters, "The Company That's Saving Retailers during the Pandemic by Launching Their Online Marketplaces," *Forbes*, April 16, 2020, https://www.forbes.com/sites/kirimasters/2020/04/16/the-company-thats-saving-retailers-during-the-pandemic-by-launching-their-online-marketplaces/#50c1a95078de.

57. Jon Brodkin, "$100,000 in Bribes Helped Fraudulent Amazon Sellers Earn $100 Million, DOJ Says," Ars Technica, September 18, 2020, https://arstechnica.com/tech-policy/2020/09/doj-amazon-workers-took-bribes-to-

reinstate-sellers-of-dangerous-products.

58. Mary Drummond, "Joe Pine — The Experience Economy is All about Time Well-Spent — S5E6," Worthix, April 27, 2020, https://blog.worthix.com/s5e6-joe-pine-the-experience-economy-is-all-about-time-well-spent/.

第5章　新時代的原型

1. Trefis Team and Great Speculations, "How Much Does Walmart Spend on Selling, General and Administrative Expenses?" *Forbes*, December 17, 2019, https://www.forbes.com/sites/greatspeculations/2019/12/17/how-much-does-walmart-spend-on-selling-general-and-administrative-expenses/#7be8be6e15bc.

2. "Nike Launches 'Find Your Greatness' Campaign," Nike, July 25, 2012, https://news.nike.com/news/nike-launches-find-your-greatness-campaign-celebrating-inspiration-for-the-everyday-athlete.

3. "Hey, How's That Lawsuit Against the President Going?" Patagonia, April 2019, https://www.patagonia.ca/stories/hey-hows-that-lawsuit-against-the-president-going/story-72248.html.

4. Maureen Kline, "How to Drive Profits with Corporate Social Responsibility," *Inc.*, July 24, 2018, https://www.inc.com/maureen-kline/how-to-drive-profits-with-corporate-social-responsibility.html.

5. Doug Stephens, "Interview: Matt Alexander," Retail Prophet, December 2018, https://www.retailprophet.com/podcasts/.

6. Doug Stephens, "Interview: Matt Alexander," Retail Prophet, December 2018, https://www.retailprophet.com/podcasts/.

7. a16z, "The End of the Beginning: Benedict Evans," YouTube, November 16, 2018, https://www.youtube.com/watch?v=RF5VIwDYIJk&feature=emb_logo.

8. Doug Stephens and BoF Studio, "Retail Reborn Episode 4," *The Business of Fashion*, October 6, 2020, https://www.businessoffashion.com/podcasts/retail/retail-reborn-podcast-doug-stephens-experiential#comments.

9. Lauren Smiley, "Stitch Fix's Radical Data-Driven Way to Sell Clothes — $1.2 Billion Last Year — Is Reinventing Retail," *Fast Company*, February 19, 2019, https://www.fastcompany.com/90298900/stitch-fix-most-

innovative-companies-2019.

10. "Stitch Fix Announces Fourth Quarter and Full Fiscal Year 2019 Financial Results," Stitch Fix, October 1, 2019, https://investors.stitchfix.com/news-releases/news-release-details/stitch-fix-announces-fourth-quarter-and-full-fiscal-year-2019.

11. Lauren Smiley, "Stitch Fix's Radical Data-Driven Way to Sell Clothes — $1.2 Billion Last Year — Is Reinventing Retail," *Fast Company*, February 19, 2019, https://www.fastcompany.com/90298900/stitch-fix-most-innovative-companies-2019.

12. Katrina Lake, "Stitch Fix's CEO on Selling Personal Style to the Mass Market," *Harvard Business Review*, May–June 2018, https://hbr.org/2018/05/stitch-fixs-ceo-on-selling-personal-style-to-the-mass-market.

13. Vanessa Page, "How Costco Makes Money," Investopedia, December 13, 2018, https://www.investopedia.com/articles/investing/070715/costcos-business-model-smarter-you-think.asp#:~:text=Costco%20doesn't%20publish%20its,is%20key%20to%20that%20definition.

14. Catherine Clifford, "How Costco Uses $5 Rotisserie Chickens and Free Samples to Turn Customers into Fanatics," CNBC Make It, May 23, 2019, https://www.cnbc.com/2019/05/22/hooked-how-costco-turns-customers-into-fanatics.html.

15. Trefis Team and Great Speculations, "An Overview of Costco's Q2 and Beyond," *Forbes*, March 8, 2019, https://www.forbes.com/sites/greatspeculations/2019/03/08/an-overview-of-costcos-q2-and-beyond/#181387b83905.

16. B&H Photo Video, "A Brief History of B&H," YouTube, December 24, 2018, https://www.youtube.com/watch?v=j6a3b9NBCvg.

17. Clare Dyer, "Hoover Taken to Cleaners in £4m Dyson Case," *The Guardian*, October 4, 2002, https://www.theguardian.com/uk/2002/oct/04/claredyer.

18. John Seabrook, "How to Make It," *The New Yorker*, September 13, 2010, https://www.newyorker.com/magazine/2010/09/20/how-to-make-it.

19. Aleesha Harris, "Dyson Engineer Talks New Vancouver Demo Shop," *Vancouver Sun*, February 20, 2020, https://vancouversun.com/life/fashion-beauty/dyson-engineer-talks-new-vancouver-demo-shop.

20. Sam Knight, "The Spectacular Power of Big Lens," *The Guardian*, May 10,

2018, https://www.theguardian.com/news/2018/may/10/the-invisible-power-of-big-glasses-eyewear-industry-essilor-luxottica.

21.　"Culture/Life," Patagonia, no date, https://www.patagonia.com/culture.html.

第6章　零售的藝術

1.　"Are You Experienced?" Bain & Co., April 8, 2015, https://www.bain.com/insights/are-you-experienced-infographic/.

2.　"State of the Connected Consumer, Second Edition," Salesforce, 2018, https://c1.sfdcstatic.com/content/dam/web/en_us/www/documents/e-books/state-of-the-connected-customer-report-second-edition2018.pdf.

3.　Mark Abraham et al., "The Next Level of Personalization in Retail," BCG, June 4, 2019, https://www.bcg.com/publications/2019/next-level-personalization-retail.

4.　James Ledbetter, "Why an Advertising Pioneer Says Advertising Is Dead," *Inc.*, May 30, 2017, https://www.inc.com/james-ledbetter/why-an-advertising-pioneer-says-advertising-is-dead.html.

5.　Jennifer Mueller, "Most People Are Secretly Threatened by Creativity," *Quartz*, March 13, 2017, https://qz.com/929328/most-people-are-secretly-threatened-by-creativity/.

6.　Robert Williams, "1/3 of Instagram Users Have Bought Directly from an Ad, Study Finds," Mobile Marketer, September 19, 2019, https://www.mobilemarketer.com/news/13-of-instagram-users-have-bought-directly-from-an-ad-study-finds/563239/.

7.　William Comcowich, "Follow These Best Practices to Create Superb Marketing Videos," Ragan's PR Daily, August 6, 2019, https://www.prdaily.com/follow-these-best-practices-to-create-superb-marketing-videos/.

8.　Ginny Marvin, "Shopping Ads Are Eating Text Ads: Accounted for 60 Percent of Clicks on Google, 33 Percent on Bing in Q1," *Search Engine Land*, May 2, 2018, https://searchengineland.com/report-shopping-ads-are-eating-text-ads-accounted-for-60-of-clicks-on-google-33-on-bing-in-q1-297273.

9.　Emily Bary, "Viral Videos Helped Candy Me Up Transition to the Online Age after the Pandemic Hurt Its Confectionery Catering Business,"

MarketWatch, September 14, 2020, https://www.marketwatch.com/story/tiktok-saved-my-business-candy-retailer-finds-internet-fame-as-covid-19-forces-a-pivot-11599847515.

10. Marissa DePino, "Morphe Beauty Is Tapping the Creative Customer with In-Store Studios," PSFK, April 17, 2020, https://www.psfk.com/2020/04/morphe-store-expansion-studios.html.

第7章　商場的轉世重生

1. Lauren Thomas, "A Third of America's Malls Will Disappear by Next Year, Says Ex-Department Store Exec," CNBC, June 10, 2020, https://www.cnbc.com/2020/06/10/a-third-of-americas-malls-will-disappear-by-next-year-jan-kniffen.html.

2. Maurie Backman, "32 Percent of Customers Don't Feel Safe Shopping at Malls, and That Could Be Bad News for Investors," The Motley Fool, August 21, 2020, https://www.fool.com/millionacres/real-estate-market/articles/32-of-customers-dont-feel-safe-shopping-at-malls-and-that-could-be-bad-news-for-investors/#.

3. Lauren Thomas, "Over 50 Percent of Department Stores in Malls Predicted to Close by 2021, Real Estate Services Firm Says," CNBC, April 29, 2020, https://www.cnbc.com/2020/04/29/50percent-of-all-these-malls-forecast-to-close-by-2021-green-street-advisors-says.html.

4. Esther Fung, "Real-Estate Giant Starwood Capital Loses Mall Portfolio," *The Wall Street Journal*, September 9, 2020, https://www.wsj.com/articles/real-estate-giant-starwood-capital-loses-mall-portfolio-11599684081.

5. Esther Fung, "Property Owner Simon Sees Buying Tenants as a Way to Boost Malls," *The Wall Street Journal*, June 23, 2020, https://www.wsj.com/articles/property-owner-simon-sees-buying-tenants-as-a-way-to-boost-malls-11592913601#:~:text=In%20previous%20earnings%20calls%2C%20Simon,investment'%2C%E2%80%9D%20said%20Mr.

6. Cezary Podkul, "Commercial Properties' Ability to Repay Mortgages Was Overstated, Study Finds," *The Wall Street Journal*, August 11, 2020, https://www.wsj.com/articles/commercial-properties-ability-to-repay-mortgages-was-overstated-study-finds-11597152211.

7.　Phillip Inman, "Corporate Debt Could Be the Next Sub-Prime Crisis, Warns Banking Body," *The Guardian*, June 30, 2019, https://www.theguardian.com/business/2019/jun/30/corporate-debt-could-be-the-next-subprime-crisis-warns-banking-body.

8.　Cezary Podkul, "Commercial Properties' Ability to Repay Mortgages Was Overstated, Study Finds," *The Wall Street Journal*, August 11, 2020, https://www.wsj.com/articles/commercial-properties-ability-to-repay-mortgages-was-overstated-study-finds-11597152211.

9.　Cathleen Chen, "Is This the End of the American Mall as We Know It?" *The Business of Fashion*, May 28, 2020, https://www.businessoffashion.com/articles/professional/american-retail-malls-middle-class-coronavirus.

10.　Jennifer Harby, "More Than 200 UK Shopping Centres 'in Crisis,'" BBC, November 1, 2018, https://www.bbc.com/news/uk-england-45707529.

11.　Doug Stephens, *The Retail Revival* (Hoboken, NJ: Wiley, 2013).

12.　Jared Bernstein, "Yes, Stocks Are Up. But 80 Percent of the Value Is Held by the Richest 10 Percent," *The Washington Post*, March 2, 2017, https://www.washingtonpost.com/posteverything/wp/2017/03/02/perspective-on-the-stock-market-rally-80-of-stock-value-held-by-top-10/.

13.　Aimee Picchi, "It's Been a Record 11 Years since the Last Increase in U.S. Minimum Wage," CBS, July 24, 2020, https://www.cbsnews.com/news/minimum-wage-no-increases-11-years/?ftag=CNM-00-10aab7e&linkId=94969144.

14.　"U.S. MarketFlash: Retail-to-Industrial Property Conversions Accelerate," CBRE, July 23, 2020, https://www.cbre.us/research-and-reports/US-MarketFlash-Retail-to-Industrial-Property-Conversions-Accelerate.

15.　Retail Prophet, "The Future of Shopping Centers in a Post-Pandemic World," YouTube, August 7, 2020, https://www.youtube.com/watch?v=iAN3Q7HaKf8.

16.　Anne Quito, "The Father of the American Shopping Mall Hated What He Created," *Quartz*, July 17, 2015, https://qz.com/454214/the-father-of-the-american-shopping-mall-hated-cars-and-suburban-sprawl/.

17.　"Millennials Fueling the Experience Economy," Eventbrite/Harris Poll, 2014, https://f.hubspotusercontent00.net/hubfs/8020908/DS01_Millenials%20Fueling%20the%20Experience%20Economy.pdf?__hstc=195498867.61f6a96c9f06737318752a85f54c44b4.1600225862133.1600225862133.160022586

2133.1&__hssc=195498867.2.1600225862133&__hsfp=2460104009.

第8章　零售復興

1. H. Gordon Selfridge, *The Romance of Commerce* (Plymouth, U.K.: William Brendon & Son, Ltd, 1918).

2. "Public Trust in Government: 1958–2019," Pew Research Center, April 11, 2019, https://www.pewresearch.org/politics/2019/04/11/public-trust-in-government-1958-2019/.

3. Dan Gingiss, "Study: Consumers Blame Government for Dividing the Nation but Look to Brands to Fix It," *Forbes*, February 11, 2019, https://www.forbes.com/sites/dangingiss/2019/02/11/study-consumers-blame-government-for-dividing-the-nation-but-look-to-brands-to-fix-it/#502716d26ac4.

4. Harriet Sherwood, "'Christianity as Default Is Gone': The Rise of a Non-Christian Europe," *The Guardian*, March 21, 2018, https://www.theguardian.com/world/2018/mar/21/christianity-non-christian-europe-young-people-survey-religion.

5. "Two-Thirds of Consumers Worldwide Now Buy on Beliefs," Edelman, October 2, 2018, https://www.edelman.com/news-awards/two-thirds-consumers-worldwide-now-buy-beliefs.

6. Doug Stephens and BoF Studio, "Retail Reborn Episode 2: Building Smarter, More Sustainable Supply Chains," *The Business of Fashion*, September 22, 2020, https://www.businessoffashion.com/articles/podcasts/retail-reborn-podcast-doug-stephens-supply-chains.

7. Doug Stephens and BoF Studio, "Retail Reborn Episode 2: Building Smarter, More Sustainable Supply Chains," *The Business of Fashion*, September 22, 2020, https://www.businessoffashion.com/articles/podcasts/retail-reborn-podcast-doug-stephens-supply-chains.

8. Sarah Butler, "Why Are Wages So Low for Garment Workers in Bangladesh?," *The Guardian*, January 21, 2019, https://www.theguardian.com/business/2019/jan/21/low-wages-garment-workers-bangladesh-analysis.

圖片版權

p. 017 "Operation COVID-19" by New York National Guard. CC BY-ND 2.0

p. 020 Chart created by Doug Stephens based on Hilary Brueck and Shayanne Gal, "How the Coronavirus Death Toll Compares to Other Pandemics, Including SARS, HIV, and the Black Death," Business Insider, May 22, 2020, https://www.businessinsider.com/coronavirus-deaths-how-pandemic-compares-to-other-deadly-outbreaks-2020-4; "Past Pandemics," Centers for Disease Control and Prevention, August 10, 2018, https://www.cdc.gov/flu/pandemic-resources/basics/past-pandemics.html; "SARS Basic Fact Sheet," Centers for Disease Control and Prevention, December 6, 2017, https://www.cdc.gov/sars/about/fs-sars.html; "Middle East Respiratory Syndrome Coronavirus (MERS-CoV)," World Health Organization, no date, https://www.who.int/emergencies/mers-cov/en/; "Ebola Virus Disease," World Health Organization, February 10, 2020, https://www.who.int/news-room/fact-sheets/detail/ebola-virus-disease

p. 025 Chart created by Doug Stephens based on Gita Gopinath, "The Great Lockdown: Worst Economic Downturn since the Great Depression," International Monetary Fund, April 14, 2020, https://blogs.imf.org/2020/04/14/the-great-lockdown-worst-economic-downturn-since-the-great-depression/

p. 022 Chart created by Doug Stephens based on Elliot Smith, "UK Enters Recession after GDP Plunged by a Record 20.4 Percent in the Second Quarter," CNBC, August 12, 2020, https://www.cnbc.com/2020/08/12/uk-gdp-plunged-by-a-record-20point4percent-in-the-second-quarter.html; Saloni Sardana, "Eurozone GDP Shrinks at the Fastest Rate in History, Losing 12.1 Percent in the Second Quarter," Business Insider, July 31, 2020, https://markets.businessinsider.com/news/stocks/eurozone-gdpcontracts-12-in-q2-worst-rate-since-1995-2020-7-1029454734#; Julie Gordon and Kelsey Johnson, "Canada Second-Quarter GDP Likely to Fall Record 12 Percent on COVID-19 Shutdowns," Reuters, July 31, 2020, https://www.reuters.com/article/us-canada-economy-gdp/canada-second-quarter-gdp-likely-to-fall-record-12-on-covid-19-shutdowns-idUSKCN24W1Z3; Agence France-Presse, "Mexico GDP Slumps Record 17 Percent on Virus Impact," Rappler, July 30, 2020, https://rappler.com/business/gross-domestic-product-mexico-q2-2020; AFP, "COVID-19 Pushes World's Leading Economies into Record Slumps," *The New Indian Express*, August 17, 2020, https://www.newindianexpress.com/business/2020/aug/17/covid-19-pushes-worlds-leading-economies-into-record-slumps-2184613.html

p. 034 Photo by Nick Bolton on Unsplash

p. 041 Used with permission from Sheldon Solomon

p. 043 Photo by Mick Haupt on Unsplash

p. 046 Chart created by Doug Stephens with data from firsthand interview with Sheldon Solomon

p. 056 Chart created by Doug Stephens based on Janine Berg, Florence Bonnet, Sergei Soares, "Working from Home: Estimating the Worldwide Potential," VoxEU CEPR, May 11, 2020, https://voxeu.org/article/working-home-estimating-worldwide-potential

p. 060 Photo by Paulo Silva on Unsplash

p. 066 Photo by Davyn Ben on Unsplash

p. 069 Photo by Camila Perez on Unsplash

p. 074 Art Gate VR

p. 078 Chart created by Doug Stephens based on Daniel Sparks, "Amazon's Record 2019 in 7 Metrics," The Motley Fool, February 6, 2020, https://www.fool.com/investing/2020/02/06/amazons-record-2019-in-7-metrics.aspx; Patrick Frater, "Alibaba Profits Rise to $19 Billion Despite Coronavirus Impact," *Variety*, May 22, 2020, https://variety.com/2020/biz/asia/alibaba-profits-rise-beat-expectations-coronavirus-1234614190/; "JD.com Announces Fourth Quarter and Full Year 2019 Results," JD.com, March 2, 2020, https://ir.jd.com/news-releases/news-release-details/jdcom-announces-fourth-quarter-and-full-year-2019-

results#:~:text=For%20the%20full%20year%20of%202019%2C%20 JD.com%20reported%20net,the%20full%20year%20of%202018; "JD Revenue 2013–2020 | JD," Macrotrends, 2020, https://www. macrotrends.net/stocks/charts/JD/jd/revenue; "Walmart Inc. 2020 Annual Report," Walmart, 2020, https://s2.q4cdn.com/056532643/files/doc_ financials/2020/ar/Walmart_2020_Annual_Report.pdf

p. 078 Chart created by Doug Stephens based on Don Davis, "Amazon's Profits Nearly Triple in Q3 as North America Sales Surge 39%," Digital Commerce 360, April 30, 2020, https://www.digitalcommerce360.com/ article/amazon-sales/; "Alibaba Group Announces March Quarter and Full Fiscal Year 2020 Results," Business Wire, May 22, 2020, https:// www.businesswire.com/news/home/20200522005178/en/Alibaba-Group-Announces-March-Quarter-Full-Fiscal; Georgina Caldwell, "JD.Com Sees Revenue Climb 20.7 Percent as COVID-19 Sends Shoppers Online," Global Cosmetics News, May 19, 2020, https://www. globalcosmeticsnews.com/jd-com-sees-revenue-climb-20-7-percent-as-covid-19-sends-shoppers-online/; Shelley E. Kohan, "Walmart's Online Sales Have Surged 74 Percent during the Pandemic," *Forbes*, May 19, 2020, https://www.forbes.com/sites/shelleykohan/2020/05/19/walmart-revenue-up-86-e-commerce-up-74/#3103445166cc

p. 079 Photo by Simon Bak on Unsplash

p. 083 Bloomberg/Contributor

p. 090 JD.com media kit

p. 093 Walmart media kit

p. 103 Used with permission from brand

p. 110 Used with permission c 2020 Retail Prophet

p. 125 Used with permission c 2020 Retail Prophet

p. 134 Used with permission c 2020 Retail Prophet

p. 135 Used with permission c Retail Prophet

p. 137 Used with permission by Nike

p. 138 Used with permission c Retail Prophet

p. 138 Used with permission from brand

p. 141 Used with permission c Retail Prophet

p. 143 Used with permission from brand

p. 145　Used with permission c Retail Prophet

p. 147　Used with permission

p. 150　Used with permission c Retail Prophet

p. 151　rblfmr/Shutterstock.com

p. 153　Used with permission c Retail Prophet

p. 153　"Nordstrom" by Bill in DC. CC BY-ND 2.0

p. 155　Used with permission c Retail Prophet

p. 156　Used with permission from brand

p. 158　Used with permission c Retail Prophet

p. 158　Used with permission from brand

p. 160　Used with permission c Retail Prophet

p. 161　Photo by Nick Antonini on Flickr. CC BY-ND 2.0

p. 162　Used with permission c Retail Prophet

p. 164　"Carvana Delorean Back to the Future time machine" by zombieite. CC BY-ND 2.0

p. 165　Used with permission c 2020 Retail Prophet

p. 177　Used with permission c Retail Prophet

p. 178　Used with permission c Retail Prophet

p. 179　Used with permission c Retail Prophet

p. 180　Chart created by Doug Stephens

p. 195　Chart created by Doug Stephens

國家圖書館出版品預行編目(CIP)資料

疫後零售大趨勢 / 道格・史蒂芬斯（Doug Stephens）著；陳文和, 洪世民, 鏈玉珏譯. -- 初版. -- 臺北市：城邦文化事業股份有限公司商業周刊, 2021.10
　　面；　公分.

譯自：Resurrecting retail : the future of business in a post-pandemic world.

ISBN 978-986-5519-85-8（平裝）

1.疫災　2.零售業　3.產業分析

498.2　　　　　　　　　　　　　110016663

疫後零售大趨勢

作者	道格・史蒂芬斯
譯者	陳文和、洪世民、鍾玉玨
商周集團榮譽發行人	金惟純
商周集團執行長	郭奕伶
視覺顧問	陳栩椿
商業周刊出版部	
總編輯	余幸娟
責任編輯	林雲
封面設計	Bert
內頁排版	林婕瀅
出版發行	城邦文化事業股份有限公司-商業周刊
地址	104台北市中山區民生東路二段141號4樓
傳真服務	(02) 2503-6989
劃撥帳號	50003033
戶名	英屬蓋曼群島商家庭傳媒股份有限公司城邦分公司
網站	www.businessweekly.com.tw
香港發行所	城邦（香港）出版集團有限公司
	香港灣仔駱克道193號東超商業中心1樓
	電話：(852)25086231 傳真：(852)25789337
	E-mail：hkcite@biznetvigator.com
製版印刷	中原造像股份有限公司
總經銷	聯合發行股份有限公司 電話：(02)2917-8022
初版1刷	2021年10月
定價	台幣380元
ISBN	978-986-5519-85-8（平裝）

金商道

The positive thinker sees the invisible, feels the intangible,
and achieves the impossible.

惟正向思考者，能察於未見，感於無形，達於人所不能。 —— 佚名